海洋石油作业安全培训教材

动火与受限空间作业

中海油安全技术服务有限公司　组织编写
主　　编：宋　杰
副主编：焦权声　　任登涛　　杨立军

气象出版社
China Meteorological Press

内容简介

本书是《海洋石油作业安全培训教材》丛书的一个分册,主要介绍动火作业与受限空间作业基本知识、作业风险与危害、作业安全要求、作业安全措施和典型事故案例,使学员能够更好地认识动火与受限空间作业中存在的风险,并能采取相应的控制措施,以保证公司及现场作业人员安全、避免财产损失。本书可供海洋石油作业人员培训使用,也可供相关负责人和安全管理人员工作参考。

图书在版编目(CIP)数据

动火与受限空间作业/宋杰主编;焦权声,任登涛,
杨立军编著. --北京:气象出版社,2019.7
海洋石油作业安全培训教材
ISBN 978-7-5029-6976-9

Ⅰ.①动⋯　Ⅱ.①宋⋯　②焦⋯　③任⋯　④杨⋯　Ⅲ.
①石油化学工业-动火作业-安全培训-教材　②石油化学
工业-安全生产-安全培训-教材　Ⅳ.①TE687

中国版本图书馆 CIP 数据核字(2019)第 108798 号

Donghuo yu Shouxian Kongjian Zuoye
动火与受限空间作业

出版发行:气象出版社

地　　址:北京市海淀区中关村南大街 46 号		**邮政编码**:100081	
电　　话:010-68407112(总编室)　010-68408042(发行部)			
网　　址:http://www.qxcbs.com		**E-mail**:qxcbs@cma.gov.cn	
责任编辑:彭淑凡		**终　　审**:吴晓鹏	
责任校对:王丽梅		**责任技编**:赵相宁	
封面设计:楠竹文化			
印　　刷:三河市百盛印装有限公司			
开　　本:710 mm×1000 mm　1/16		**印　　张**:8.25	
字　　数:162 千字			
版　　次:2019 年 7 月第 1 版		**印　　次**:2019 年 7 月第 1 次印刷	
定　　价:30.00 元			

《海洋石油作业安全培训教材》
编审委员会

编写委员会

主　　任:李　翔

副 主 任:赵兰祥　魏文普　章　焱　杨东棹　陈　戎
　　　　　刘怀增　元少平　任登涛　杨立军

委　　员(按姓氏笔画排序):
　　　　　王　恒　王洪亮　付　军　朱荣东　朱海龙
　　　　　刘　键　关　欣　孙宗宏　李　强　李新军
　　　　　宋　杰　宋　晨　张　林　张　磊　陈国锋
　　　　　周向京　唐明真　崔少梅　葛　坤　粟　驰
　　　　　路有余　谭　昆　谭志强

审定委员会

主　　任:王　伟

副 主 任:焦权声

委　　员(按姓氏笔画排序):
　　　　　马海峰　王　钊　王　琛　王　超　王　辉
　　　　　王旭辉　王顺红　王新军　冯　权　刘　海
　　　　　刘　强　刘莉峰　李松杰　邱煜凯　何四海
　　　　　余红丽　张绍广　陈　强　依　朗　金　鑫
　　　　　赵德喜　秦　鹏　钱立峰　徐瑞翔　黄远雷
　　　　　韩丰欣

本册主编:宋　杰

副 主 编:焦权声　任登涛　杨立军

前　　言

在企业生产中,人员、设备、工具、原材料等都由现场人员掌握和使用,企业各项管理措施也要通过现场人员的活动来实现,现场管理是企业实现安全文化、安全生产的基础。对于现场而言,人员设备管理主要是保证人员安全、设备正常运转,通过日常检查,及时发现设备和作业环境所存在的事故隐患,及时报告并采取措施,消除事故隐患。

本书分为动火作业和受限空间(也称"限制空间",本书引用的标准规范中多用"限制空间")作业两篇,培训内容包括机械设备、电气设备、压力容器、高压气瓶、管道阀门、静电预防、舱室清洗、触电预防等方面,旨在及时消除事故隐患,避免人员、设备事故的发生。

动火作业和受限空间作业属于海洋石油公司十大高风险作业中的两种常见作业,必须做好动火与受限空间作业过程中人员安全、防火和防爆等工作,并为相关人员提供动火与受限空间作业的健康安全环保指导,确保作业顺利进行。动火与受限空间作业因为其作业环境复杂、作业危险性高等特点而受到现场作业人员的重点关注。本书主要介绍动火与受限空间基本知识、作业风险与危害、作业安全要求、作业安全措施、安全管理措施和典型事故案例,使学员能够更好地认识动火与受限空间作业中存在的风险,并能够采取相应的控制措施,以保证公司及现场作业人员安全,避免财产损失。为了做好动火与受限空间作业过程中人员安全、防火和防爆等工作,并为相关人员提供动火与受限空间作业的健康安全环保指导,确保作业顺利进行,特编写本书。

本书通过对现场常见事故分析,有针对性地介绍机械设备、电气设备等相关知识,提供相应的防范措施,使现场管理人员在掌握相关知识和技能的基础上,制定符合现场实际的事故预防方法,从而防患于未然。

安全生产是人们共同的追求和期盼,是国家经济发展的需要,也是企业发展的需要。在此希望所有从事企业安全管理的人员首先从自身做起,重视安全生产,关口前置,重心下移,重视现场管理,切切实实做好安全工作。

本书既可作为海上设施动火与受限空间作业从业人员进行安全培训的专业教材,也可供相关专业技术及管理人员参考。

本书主要依据《含硫化氢油气生产和天然气处理装置作业的推荐作法》(SY/T 6137—2005)、《化学品生产单位动火作业安全规范》(AQ 3022—2008)、《化学品生产单位受限空间作业安全规范》(AQ 3028—2008)、《石油工业动火作业安全规程》(SY/T 5858—2004)、《海上石油设施动火及限制空间行业标准》等标准编写。希望在培训实施及业务学习过程中,受训单位充分结合本企业的实际情况对标准进行把握和使用。

本书由宋杰担任主编,由焦权声、任登涛、杨立军担任副主编,谭志强、罗立健、苗玉超、谭昆等整理、修改及统审,在此一并表示衷心的感谢。

本书在编写过程中参考了大量的文献资料,汲取了诸多专家的研究成果。在此,谨向有关作者、编者表示深深的谢意。

由于编者水平有限,错误和不妥之处在所难免,恳请读者批评指正,以便今后修订完善。

编者

2019 年 4 月

目　　录

第二篇　受限空间作业

第一篇

动火作业

第一章　动火作业概述

第一节　动火作业定义

根据《化学品生产单位动火作业安全规范》(AQ 3022—2008)中的相关规定,动火作业定义为:能直接或间接产生明火的工艺设置以外的非常规作业,如使用电焊、气焊(割)、喷灯、电钻、砂轮等进行可能产生火焰、火花和炽热表面的非常规作业。

包括但不限于以下各种情况:

(1)使用焊接、切割工具在工业场所进行的焊接、切割、加温作业;

(2)进行的打磨作业;

(3)利用明火在工业场所进行的作业;

(4)利用远红外线及其他产生热源能导致易燃易爆品、有毒有害物质产生化学变化的;

(5)作业中使用遇水或空气的水蒸气产生爆炸的固体物质。

第二节　动火作业级别

根据动火部位爆炸危险区域危险程度、影响范围及事故发生的可能性,工业动火分为四级。

1. 一级动火

(1)原油储量在 10000 m³ 以上(含 10000 m³)的油库、联合站,围墙以内爆炸危险区域范围内的在用油气管线及容器本体动火;

(2)容量大于 5000 m³ 储罐(含 5000 m³,包括原油罐、污油罐、含油污水罐、含天然气水罐等)、容器本体及附件动火;

(3)天然气柜和容量大于 400 m³(含 400 m³)的石油液化气储罐动火;

（4）容量大于 1000 m³（含 1000 m³）的成品油罐和轻烃储罐动火；

（5）直径大于 426 mm（含 426 mm）的长输管线、在输油（气）干线上停输动火或带压不停输更换管线设备动火；

（6）天然气净化装置、集输站及场内的加热炉、溶剂塔、分离器罐、换热设备动火；

（7）天然气压缩机厂房、流量计间、阀组间、仪表间、天然气管道的管件和仪表处动火；

（8）天然气井井口无控制部分动火。

2．二级动火

（1）原油储量在 1000～10000 m³ 的油库、联合站，围墙以内爆炸危险区域范围内的在用油气管线及容器本体动火；

（2）容量小于 5000 m³ 的储罐、容器本体及附件动火；

（3）容量小于 400 m³ 的石油液化气储罐动火；

（4）容量小于 1000 m³ 的成品油罐和轻烃储罐动火；

（5）容量为 1000～10000 m³ 的原油库的原油计量标定间、计量间、阀组间、仪表间及原油、污油泵房动火；

（6）铁路槽车油料装卸栈桥、汽车罐车油料灌装油台及卸油台、输油码头及油轮码头内外设备及管线上动火；

（7）输油（气）站、石油液化气站内外设备及管线上以及液化气充装间、气瓶库、残液回收库等处动火。

3．三级动火

（1）原油储量小于 1000 m³（含 1000 m³）的油库、集输站，围墙以内爆炸危险区域范围内的在用油气管线及容器动火；

（2）容量小于 1000 m³（含 1000 m³）的油罐和原油库的计量标定间、计量间、阀组间、仪表间、污油泵房动火；

（3）在油气生产区域内的油气管线穿孔正压补漏动火；

（4）采油井单井联头和采油井井口处动火；

（5）钻穿油气层时没有发生井涌、气侵条件下的井口处动火；

（6）输油（气）干线穿孔微正压补漏、腐蚀穿孔部位补焊加固动火；

（7）焊割盛装过油、气及其他易燃易爆介质的桶、箱、槽、瓶动火；

（8）制作和防腐作业中，使用有挥发性易燃介质为稀释剂的容器、槽、罐等处动火。

4. 四级动火

(1)在天然气集输站(场)、输油泵站、计量站、接转站等生产区域内非油气工艺系统动火;

(2)钻井作业过程中未打开油气层、试油作业未射孔前,距井 10 m 以内的井场动火;

(3)除一级、二级、三级动火外,在其他非重要油气区和严禁烟火区域的生产动火。

第二章　海洋石油企业工业动火作业

第一节　海洋石油企业工业动火作业基本知识

一、海洋石油企业工业动火作业分级

根据动火作业的危险程度和受影响的范围,海洋石油企业工业动火作业划分为三级。

1. 一级工业动火作业

(1)使用过易燃、易爆物品的容器或经过加温后能产生爆燃或爆炸物质的容器;

(2)船舶机舱、油舱、污油舱、油漆库;

(3)钻井平台机舱、燃油舱、机油舱、污油舱、含污水舱、油漆及稀料库房,钻开油气层后的钻台、泥浆房、泥浆池;

(4)采油平台和浮式储油装置的油气处理装置、机舱、油气生产区域、燃油舱、污油舱、含污水舱、油漆及稀料库房、修井状态下的钻台及井口;

(5)进行防腐和涂漆作业以及使用稀释剂的环境;

(6)能产生毒气的电、气焊和气割作业;

(7)井喷后的事故现场;

(8)涂装作业的艏尖舱、尾尖舱、锚链舱、舵机舱、油舱、双层底舱、污水舱、压载水舱、船用锅炉以及各种容器内和不易通风的狭小舱室;

(9)陆地终端的油气处理厂、化肥生产厂、油气码头等按消防管理部门设定的一类易燃易爆区域;

(10)重大事故处理现场;

(11)消防部门重点保护的其他区域。

2. 二级工业动火作业

(1)输油(气)站、石油液化气站外的设备及管线;

(2)停工检修的油气生产装置已经过处理,经可燃气体检测合格的工艺生产装置;

(3)从易燃易爆及有毒有害装置或系统拆除,且运到安全指定位置的容器、管线、设备;

(4)油罐区防火堤以内;

(5)油、气库内的维修间、锅炉房、内燃机发电房、配电间;

(6)在涂装作业中的船舶的机舱、货舱、驾驶室、住舱、通道;

(7)可燃物料堆场;

(8)车库、仓库及木材加工场;

(9)生产装置、灌装区的非防爆场所及防火间距以外的区域;

(10)钻井平台、采油平台、浮式储油生产装置的修理间、材料仓库、机舱、泵房、操作室、配电间、应急发电房、中控室、生活区域的食品加工间、库房、主舱室、通道。

3. 三级工业动火作业

除一级、二级工业动火范围以外的工业动火。

二、动火作业种类

海上设施上动火作业按不同方式分类有以下几种。

1. 按作业方式分

(1)电焊作业;

(2)气焊/割作业;

(3)打磨作业;

(4)加热烘烤。

2. 按作业环境分

(1)敞开区域作业;

(2)封闭空间作业。

三、动火作业专用名词

危险区:在海上石油设施、陆地终端及其他能够产生可燃气体聚集的区域、在高架作业条件下距电线 15 m 以内的区域。

施工监护员:在施工过程中对作业现场进行安全分析、消除事故隐患、指导安全作业、指挥应急行动的人。

四、海上石油设施安全区域划分

中国海油集团天津分公司将海上石油设施安全区域划分为两大类。

1. Ⅰ类危险区

（1）在正常操作条件下，连续或周期性出现达到爆炸或可引燃浓度的可燃气体或蒸气的区域。

（2）因为维修、保养作业或由于渗漏可能经常出现达到爆炸或可引燃浓度的可燃气体或蒸气的区域。

（3）发生事故或设备工艺流程操作失误可能排出爆炸或可引燃浓度的可燃气体或蒸气，也可能使电气设备同时发生故障的区域。

2. Ⅱ类危险区

在正常操作条件下，不大可能出现达到爆炸或可引燃浓度的可燃气体或蒸气，但在不正常操作条件下，有可能出现达到爆炸或可引燃浓度的可燃气体或蒸气的区域。

五、海洋石油企业工业动火作业存在的危险有害因素

海洋石油企业工业动火作业存在的危险有害因素如表 1-2-1 所示。导致的风险主要包括如下方面。

（1）引燃石油挥发气体或天然气，导致火灾或爆炸。

（2）引燃作业区域周围可燃物，造成火灾。

（3）作业高温及强光通过传导、辐射和对流传递至其他设备、物体和人体，造成人员伤害、设备损坏。

表 1-2-1　海洋石油动火作业危险有害因素

序号	类别	危险有害因素	存在的风险	严重度（后果）和可能性	备注
1	物的因素	使用未经检验的气瓶	可能导致作业现场发生火灾爆炸事故	严重度级别为4级，但发生的可能性为低级	
2		使用沾满油污的氧气瓶（尤其是瓶阀和瓶颈位置）	可能导致作业现场发生火灾爆炸事故	严重度级别为4级，但发生的可能性为低级	

序号	类别	危险有害因素	存在的风险	严重度(后果)和可能性	备注
3	物的因素	使用存在缺陷的电焊机或电气焊工具	可能导致作业现场发生人员触电事故及其他伤害事故	严重度级别为4级,发生的可能性为低级	
4		气体软管放置混乱	可能导致现场人员被绊倒	严重度级别为2级,发生的可能性为中级	
5		使用未经校验的气体检测设备	可能导致现场人员因缺氧而窒息	严重度级别为4级,发生的可能性为低级	
6		气瓶之间间距不足或放置不当(烈日下暴晒或将溶解乙炔气瓶卧放使用)	可能导致作业现场发生火灾爆炸事故	严重度级别为4级,发生的可能性为低级	
7		未使用的气瓶未盖上保护罩	可能导致瓶颈或瓶阀发生断裂,造成瓶内高压气体失去控制,其反作用力使气瓶向反方向猛冲,造成人员伤亡或财产损失	严重度级别为3级,发生的可能性为低级	

续表

序号	类别	危险有害因素	存在的风险	严重度(后果)和可能性	备注
8	物的因素	乙炔气瓶气体软管调节器上未装配防回火装置	可能导致作业现场发生火灾爆炸事故	严重度级别为3级,发生的可能性为低级	
9		气瓶瓶阀出口处未配置专用的减压器或减压器指示失灵	气瓶放气压力过大,可能导致丙酮流失过快,瓶内气态乙炔压力增大,从而导致气瓶爆炸事故	严重度级别为4级,发生的可能性为低级	
10		电焊机漏电保护器失灵	可能导致人员触电事故	严重度级别为3级,发生的可能性为低级	
11		电焊机电线接头未包扎	可能导致人员触电事故	严重度级别为3级,发生的可能性为低级	
12		动火作业产生的有害烟雾或高温颗粒	可能导致人员中毒或高温灼伤	严重度级别为3级,发生的可能性为低级	
13		打磨时产生的粉尘	可能增加人员患职业病的概率	严重度级别为3级,发生的可能性为低级	
14		作业现场采光照明不良	增加事故发生的概率	严重度级别为2级,发生的可能性为低级	

续表

序号	类别	危险有害因素	存在的风险	严重度(后果)和可能性	备注
15	物的因素	缺氧、空气质量不良	可能导致人员因缺氧而窒息	严重度级别为3级,发生的可能性为低级	
16		通风不良	可能导致人员因缺氧而窒息	严重度级别为3级,发生的可能性为低级	
17		动火作业现场无标志或未正确使用标志	增加事故发生的概率	严重度级别为2级,发生的可能性为中级	
18		取样时用金属桶时,取样点与收集桶未用导线连接	产生静电,发生火灾爆炸事故	严重度级别为4级,发生的可能性为低级	
19		应急设施不足或措施不当	导致现场事故救援不及时	严重度级别为4级,发生的可能性为低级	
20		动火设备内存在易燃易爆有害物质	可能导致作业现场发生火灾爆炸事故	严重度级别为4级,发生的可能性为低级	

序号	类别	危险有害因素	存在的风险	严重度（后果）和可能性	备注
21	人的因素	作业人员健康状况异常、疲劳超负荷工作	增加事故发生的概率	严重度级别为3级，发生的可能性为低级	
22		现场负责人违章指挥或指挥失误	增加事故发生的概率	严重度级别为3级，发生的可能性为低级	
23		作业人员误操作或违章作业	增加事故发生的概率	严重度级别为3级，发生的可能性为低级	
24		动火作业监护人失职	增加事故发生的概率	严重度级别为3级，发生的可能性为低级	
25		非作业人员私自进行操作	增加事故发生的概率	严重度级别为3级，发生的可能性为低级	
26		乙炔气瓶内气体用尽	气瓶内混入空气，充装时易发生爆炸事故	严重度级别为3级，发生的可能性为低级	
27		受限空间动火作业未定时进行气体监测	可能导致作业现场发生人员窒息事故或火灾爆炸事故	严重度级别为3级，发生的可能性为低级	
28		相关安全措施负责人未尽职责，导致相关安全措施未落实	增加事故发生的概率	严重度级别为3级，发生的可能性为中级	

序号	类别	危险有害因素	存在的风险	严重度(后果)和可能性	备注
29	环境因素	作业场地光照不良	增加事故发生的概率	严重度级别为3级,发生的可能性为低级	
30		恶劣气候条件下进行抢修作业(如高处作业)未采取安全措施或措施不当	增加事故发生的概率	严重度级别为3级,发生的可能性为低级	
31		现场作业条件发生重大变化	增加事故发生的概率	严重度级别为3级,发生的可能性为低级	
32	管理因素	操作规程不完善,培训制度不完善	增加事故发生的概率	严重度级别为3级,发生的可能性为低级	

第二节　海洋石油设施动火作业安全条件

1. 作业许可

作业许可制度是保证海洋石油设施动火作业的安全条件之一,通过作业许可可以使各级管理部门了解作业内容、作业形式、作业工艺和作业安全性管理,并且通过作业许可的审批可以进一步规范作业程序与要求,明确作业时间,保证海上动火作业安全进行。

2. 人员要求

从事动火作业的人员必须掌握相关作业的安全操作技能,接受相应安全操作培训并取得合格操作证书。

3. 作业设备

海上进行动火作业的设备必须符合安全要求,电动设备的接线应符合安全要求,作业用具必须完好,符合安全使用要求。

4. 作业环境

作业环境是实现动火作业安全的保证,进行作业之前必须对作业环境进行安全评估,评估内容有:

(1)可燃气体浓度——应控制在 LFL(着火下限)10%以下。

(2)其他可燃物——作业场所内油类、油漆、固体可燃物等。

(3)风向——作业区域不得在危险区域上风方向。

(4)其他作业——检查周围有无其他作业,防止连锁事故发生。

(5)天气状况——动火作业过程中,一旦气象条件发生变化,出现雷电天气或风力超过 6 级时,应立即停止作业。

5. 可燃物控制

动火作业应对可燃气体浓度进行持续检测,并保证作业区域 10 m 内不得存在任何形式的可燃物。

6. 作业监护

动火作业必须设有监护人,监护人应当按照安全要求对作业现场、作业设备、工具、可燃气体浓度进行检查或检测。作业过程中监护人应当注意火星、火花坠落情况,防止引燃其他物质,出现火情时,迅速使用灭火器将初起的火扑灭。

7. 应急准备

动火作业现场应根据作业中可能出现的危险情况准备相应的灭火器材,一旦出现火势,迅速将火扑灭。

海上设施上应当在动火作业之前对消防系统和救生设备进行检查,一旦出现火灾能够迅速启动消防设备,将火灾扑灭。如果失控,作业现场人员利用救生设备撤离作业平台。

动火作业期间,平台应通知守护船,做好应急准备。

8. 人员防护用品

人员防护用品是保证安全动火作业的重要因素,作业人员应按要求穿戴防护服,作业高度超过 2 m 时应使用跌落保护装置。

9. 油舱、油罐要清洗、除气

凡将要进行动火作业的油舱、油罐,在动火前应进行洗舱,并用惰性气体进行吹扫,在作业前用新鲜空气进行除气。

第三节 动火作业监护员和作业人员职责

一、动火作业监护员职责

(1)熟悉作业情况并懂得操作和使用灭火器材,熟悉报警系统、熟悉报警器位置并知道如何启动;

(2)准备应急器材,对作业进行不间断的守护和监视;

(3)理解并按照许可证上注明的要求监督安全措施的落实和检查施工现场的安全状况;

(4)对作业现场周围至少 5 m 范围内,包括任何隔墙或障碍物的另一边,进行观察、检查;

(5)检查应急物资的准备情况;

(6)及时纠正作业人员的不规范行为;

(7)在发现异常情况时要求工作人员停止作业;

(8)提醒进入许可区的人员注意区内存在的危险因素,如电弧光、打磨、切割或高处作业等情况,以及相关的安全措施;

(9)根据需要准备消防设备并根据工作区域内情况准备足够的防火毯;

(10)在作业开始直至作业结束后 30 分钟内保持对作业区域的连续有效的监控;

(11)提醒进入作业区域的人员注意安全。

二、作业人员职责

(1)具有相关人员资格证书和技术素质;

(2)阅读和理解许可证上的内容,懂得使用现场防护和必要的应急设备;

(3)通知其他人员与其工作有关的任何特别注意事项或环境情况;

(4)对工作场地进行检查,确保安全的工作环境;

(5)尽量把危险产生物限制在工作场地内;

(6)密切注意工作场地的周围情况,如条件发生变化,随时准备停止工作;

(7)在每班工作完成后,清理工作现场并使其处于安全状态。

第三章　动火作业安全管理与技术

第一节　动火作业监护与管理

一、动火作业前

动火作业开始前监护人应做好以下工作：

（1）了解作业工艺要求；

（2）了解作业许可审批要求；

（3）了解规定的作业时间；

（4）对作业设备和工具进行检查；

（5）对作业场地进行检查，10 m之内不得存在可燃物，必要时可设置隔离带，防止无关人员随意进入，造成危害；

（6）根据作业工程量大小准备适量的灭火器材；

（7）对作业区域内下方情况进行检查，不得存在可燃物，防止火花下落引燃可燃物，导致火灾；

（8）对作业区域内无法移动的可燃物，应当用防火毯覆盖或隔离；

（9）对作业区域内气体状态进行检测，使用两台测爆仪同时测量，以保证得到准确数值；

（10）对于在作业期间需要切断的压力能源和电力能源，在关闭或切断后，应锁固和挂牌。

二、动火作业过程中

动火作业过程中许多因素会发生变化，从而可能引发事故，监护人必须密切注意作业情况，重点监督以下情况：

（1）注意作业人员穿戴防护用品是否满足安全要求；

（2）注意作业区域内可燃气体含量变化；

（3）注意火花下落位置；

（4）观察作业区域内有无冒烟和异味；

（5）注意作业时限，及时提醒作业人员注意；

（6）注意周围情况变化，当附近出现清洗作业、输油作业等情况时立即通知作业人员；

（7）当风力超过 6 级，通知作业人员停止作业；

（8）动火作业期间人员休息应向安全监督报告，并在重新作业之前对气体状态进行检测。

三、动火作业完成后

（1）监护人应继续对作业现场观察 30 分钟；

（2）指挥人员将作业设备、工具撤离；

（3）将作业现场清理；

（4）拆除隔离带；

（5）交回作业许可证。

第二节　电焊作业安全管理

一、焊接与切割作业的危险因素

（1）高温——焊接与切割作业时在一定区域内会产生高温，足够的温度会导致火灾和人员烧烫伤。

（2）火星和火花——在焊接与切割作业时，金属溶解与溶解时产生的火星和火花会将可燃物质引燃导致火灾的发生。

（3）有毒气体——焊接与切割作业时会产生有害气体和金属烟尘，在检修补焊作业中容器和管道内产生有毒、有害气体，焊接有涂漆、喷塑、镀锌（铅）等涂层的物体时会产生有毒气体或有毒蒸气。另外，在容器、管道、锅炉、舱室内及通风不良的环境下作业，会出现缺氧的现象。

（4）触电——电焊机的工作电压一般为 50～90 V，在金属结构物及潮湿情况下焊接时，手或身体任何部位触到金属导电体、导线、接线柱、极板、绝缘被破坏的导线均会导致人员受到伤害。

（5）高处坠落——作业人员在 2 m 以上高处进行焊接与切割作业，如果防护方法错误及人员防护用品使用不当,人员在作业过程中会从高处坠落摔伤。

(6)机械伤害——移动焊接与切割工件造成砸伤,焊接机械设备未能锁固突然转动导致人员受伤。

二、电焊作业的安全要求

(1)作业场所应有良好的自然通风和充足的照明,物料摆放整齐并留有必要的通道,配备数量足够的有效灭火器材。

(2)作业前必须穿戴好符合国家有关标准规定的防护用品,严禁穿化纤工作服上岗。

(3)焊接场所 10 m 以内不得存有易燃易爆物品,在人员密集的场所进行电弧焊接时,必须设置有效的活动遮光板。

(4)操作前必须将使用的设备、工具进行认真的安全检查,对机械设备进行电弧焊时,必须将该设备进行保护接零、保护接地。

(5)禁止焊接密封容器、有压力的容器和带电设备。在金属容器内和金属结构上及触电危险性较大的场所焊接,必须采取专门的安全措施。

(6)电焊机的电源线不应超过 2 m,如需加长,应在沿墙、离地 2.5 m 高的地方,用瓷柱布设或在焊机附近另设开关。

(7)电焊机的二次输出线必须使用焊接电缆线,其长度为 20～30 m,严禁用其他金属线代替。

(8)电焊机外壳必须有可靠的保护接地或接零。接地电阻不得大于 40 Ω。

(9)作业前必须办理动火作业许可申请。

(10)每台电焊机必须装有独立的电源开关,控制开关应选用封闭式的自动空气开关或铁壳开关。

(11)电焊机外露带电部分,要有完好的隔离防护措施,接线柱之间,接线柱与机壳之间必须绝缘良好。

(12)拉、合闸操作时,必须戴皮手套,同时要侧身,脸部偏斜。

(13)严禁使用海上设施上的金属结构、管道或其他金属物搭接代替地线使用。

(14)露天作业时应顺风操作,防止灼伤。在狭小的容器或舱室内操作应采取必要的安全措施,保持通风。

(15)舱室内作业时必须设置机械排风装置、设备。

(16)禁止将正在工作中的热焊钳浸入水中冷却。

(17)操作中断时,电焊钳应有固定存放位置,不得随意乱放。

（18）工作中要经常检查电缆线，若发现有损坏，应及时修复。

（19）电缆线应整根使用，如需加长，其接头处应接触良好、牢固，绝缘可靠。

（20）电焊机应按额定电流使用，严禁超载运行，避免绝缘烧损。

（21）工作中如设备出现故障，应立即切断电源，找专职电工进行检修，焊工不得擅自处理。

（22）工作结束时，要立即切断电源，盘好电缆线，清扫场地。确认无安全隐患后，方可离开现场。

（23）焊接大型工件时，焊接点与地线距离不得大于 0.5 m。

三、带介质（带压不置换介质）焊接

海上输油设施出现泄漏，在不能停产并且不及时处理会导致严重事故的情况下，可以使用带压不置换介质的焊接方法。这种方法准备作业程序少，时间短，但危险性大，必须按照有关程序向有关部门提出申请，批准后方能作业，在作业中必须严格遵守操作规程。这种方法只能从容器的外部施焊，它的安全操作要求如下。

（1）提出作业申请并制定详尽的应急计划。

（2）严格控制含氧量。在焊接之前，应检验容器、管路内气体的成分。可燃气体中所含的氧气量不超过安全值（控制在 1% 以内）。混合气体中可燃气体含量不低于爆炸极限的上限。在动火前及动火中都要有专人负责监测气体浓度值，一旦升高，应立即查找原因，及时排除。含氧量超过 1% 时应停止焊接。

（3）正压操作。动火前及整个动火过程中，容器内部压力必须始终稳定保持在正压状态，一旦出现负压，空气进入容器则会发生爆炸。压力的大小，一般控制在 1500～5000 Pa，以喷火不猛烈为原则。

（4）控制作业区可燃气体含量。为防止正压操作状态下，可燃气体逸出向周围扩散而导致爆炸，必须将可燃气体含量控制在 0.5% 以下。

（5）控制流速。为防止液体流速过快，造成淬火导致焊缝出现裂纹，必须控制流速。液体介质最小流速为 1.3 英尺[①]/秒（396.24 mm/s）；最大流速为 4.0 英尺/秒（1219.2 mm/s）。气体介质最小流速为 1.3 英尺/秒；最大流速不受限制。

---

① 1 英尺＝0.3048 m＝304.8 mm。

(6)按规程操作。先点燃逸出的可燃气体,人站在上风施焊,以免烧伤。电流不能过大,以免烧穿容器而扩大缺陷孔。焊工必须经过专门培训,应具有较高的技术水平和应变能力。

(7)制定应急计划。根据现场实际情况制定详尽应急计划,严密观察各种不利情况,协调组织。作业现场必须设动火监护人并准备充分的消防设备。

第三节 气焊与气割作业安全管理

一、气焊与气割作业

气焊是利用可燃气体与助燃气体混合燃烧的火焰对金属进行加热融合的一种焊接方法。

气割是利用可燃气体与助燃气体混合燃烧的预热火焰,将被切割金属加热至燃烧点,并在氧气的射流中剧烈燃烧,金属燃烧时形成的氧化物在熔化状态时被切割气流吹掉,使金属分割的加工方法。

气焊与气割所使用的可燃气体有乙炔、氢气和液化石油气。助燃气体为氧气。

气焊与气割作业常用的设备有氧气瓶、乙炔气瓶(或氢气瓶、液化石油气瓶)、焊炬/割炬、减压器、压力表和专用橡胶管。

二、气焊与气割所用气体的性质

1. 氧气

(1)在常温下为无色、无味、无毒的气体,化学式为 O_2。

(2)在标准状态下密度为 $1.429\ kg/m^3$。

(3)在$-182.96\ ℃$时为极易挥发的液态氧,在$-218\ ℃$时为淡蓝色的固态氧。

(4)氧气本身不能自燃,但氧气是一种化学性质极为活泼的助燃气体和强氧化剂,能够与所有的可燃气体和液体蒸气混合,发生强烈的氧化现象,构成爆炸性混合物。

(5)高压氧气在运输和使用过程中由于突然释放产生的高温和高速氧气流与非金属摩擦产生的静电,会引起周围可燃物质的燃烧。

2. 乙炔

(1)俗称电石气,是一种非饱和碳氢化合物,化学式为 C_2H_2,化学性质活泼,在常温下是无色、高热值的易燃易爆气体。

(2)在标准状态下密度为 1.17 kg/m³。

(3)工业乙炔中含有硫化氢(H_2S)和磷化氢(H_3P),具有轻微毒性和微弱麻醉作用。

(4)乙炔化学性质极不稳定,在一定条件下由于摩擦和冲击而发生爆炸。

(5)爆炸极限为 2.2%~81%,与氧气混合后爆炸极限为 2.8%~93%。

(6)乙炔在空气中自燃点为 335 ℃,点火温度为 428 ℃,点火能量为 0.019 mJ。与空气混合燃烧火焰温度可达 2350 ℃,与氧气混合燃烧温度可达 3100~3300 ℃,在空气中的燃烧速度为 2.87 m/s,在氧气中燃烧速度为 13.5 m/s。

(7)乙炔在空气中受热,会发生自身氧化,导致温度上升,当达到自燃点时,会自燃、爆炸。当温度达到 200~300 ℃时,乙炔分子开始发生放热的聚合反应,生成复杂爆炸性化合物,并放出大量的热,形成乙炔气体升温—聚合—再升温—再聚合的恶性循环。当达到 580~600 ℃,压力达到 0.15 MPa 时,会发生分解爆炸,爆炸速度为 1800~3000 m/s。

(8)乙炔长期与纯铜、银等金属接触,会在铜、银表面生成红色的乙炔铜(Cu_2C_2)或白色的乙炔银(Ag_2C_2)爆炸性化合物。在干燥状态下被加热到 110~120 ℃或受到振动和摩擦时,会立即爆炸。

3. 氢气

(1)氢气是一种无色无味的气体。

(2)氢气的扩散速度极快,导热性很好,点火能量低于 0.02 mJ,在空气中自燃点为 560 ℃,在氧气中的自燃点为 450 ℃,属于极危险的易燃易爆气体。

(3)氢气与空气混合后形成爆鸣气,其爆炸极限为 4%~80%,与氧气混合爆炸极限为 4.65%~93.9%。

(4)与氯气混合达到 1∶1 时,受光照射即可发生自行爆炸。温度达 240 ℃时,在黑暗处也可以自行爆炸。

4. 液化石油气

(1)由丙烷(C_3H_8)50%~80%、丁烷(C_4H_{10})、丙烯(C_3H_6)和丁烯(C_4H_8)等碳氢化合物组成的混合物,在 0.8~1.5 MPa 压力下成为液体,密度为1.6~2.5 kg/m³,为空气密度的 1.5 倍。

(2)具有一定毒性,在空气中达到 10%时,会导致人员中毒。

(3)爆炸极限为 3.2%~64%。

(4)与氧气混合后燃烧火焰温度为 2200~2800 ℃。

三、气焊与气割作业的安全要求

(1)作业前必须申请动火作业许可证。

(2)作业人员必须穿戴好符合要求的防护用品,禁止穿化纤工作服。

(3)作业场所10 m以内不得存在易燃易爆物品。

(4)各种气瓶应竖直稳固存放,不得暴晒。

(5)气焊/割设备严禁沾染油污和搭架各种电缆,气瓶不得剧烈振动及受阳光暴晒,开启气瓶时必须使用专用扳手。

(6)严禁将正在燃烧的焊/割炬随意放置。

(7)在容器内交替使用电焊和气割时,要在容器外点燃焊/割炬,容器内不得存放焊/割炬。

(8)在密闭容器内作业时,应保持空气流通,并保证专人监护。

(9)禁止用氧气对局部焊接部位进行通风换气,不准用氧气代替压缩空气吹扫工作服和吹除乙炔管道内的堵塞物,不得用氧气作为气动工具气源。

(10)氧气瓶要远离明火和热源,必须与明火保持10 m以上距离,与乙炔瓶保持3 m以上距离。

(11)安装减压器后必须开启氧气阀,检查各部位有无漏泄、压力表工作是否正常后,再接氧气胶管。

(12)冬季气瓶内气体有冻结现象时,禁止用明火烘烤,可用40 ℃以下热水解冻。

(13)电气焊在同一场所作业时,氧气瓶必须采取绝缘措施,乙炔瓶要有接地措施。

(14)各种气瓶内气体不可全部用尽,氧气瓶必须留有0.1 MPa以上的剩余压力,乙炔气瓶必须留有0.05~0.1 MPa的剩余压力。

(15)禁止使用铜制工具和银、铜制品。

第四节　特殊情况下动火作业

一、井口区

当井口区域的采油树本体及管线、管汇由于工作需要必须以明火作业时,一定要按《石油设施动火作业安全规程》和中国海洋石油有限公司天津分公司安全体系作业,还要由安全技术合格的动火作业人员来实施。

1. 采油树本体

(1)采油(气)树一般都装有井上安全阀和井下安全阀,其阀控制是由电控、气控液压,井口区则有井上、井下安全阀控制盘。

(2)在采油树本体动火时应关闭井上、井下安全阀,但必须是由平台指定的专业人员操作,其他人员严禁操作。

(3)需要拆掉采油树某一部件,才能实施动火作业时也必须由平台指定的专业人员来操作,不得由动火人员擅自行动。拆除后,严格检查是否还符合动火作业条件,如不符合,停止作业,立即整改,直至达到作业条件。

(4)必须使用两台以上可燃气体监测仪进行监测达标后方可实施动火作业。

(5)有的油井没有井下安全阀只有井上安全阀,但此油井没有自喷能力,这时井口安全阀必须安全可靠。如井上安全阀失灵不能关闭,这时必须与平台主管人员联系,制定安全可靠的措施,并上报审批部门讲明情况待批。

2. 井口区域管线、管汇

(1)井口区域所有井口的井上、井下安全阀都必须是正常的,如有火灾随时可关闭所有的油井。

(2)有条件的情况下或停止生产应对需要明火作业的管线、管汇进行清洗,经检测达标后可实施。

(3)如无法清洗,可采用惰性气体进行置换,达标后可实施。

二、生产区域管线、管汇

1. 清洗管线、管汇

使其内壁无油污痕、达标,并在油、气源头法兰处加钢质盲板及密封垫子,使其绝对隔绝油、气来源。

2. 无法清洗干净的管线、管汇

对于无法清洗干净的管线、管汇,可采取惰性气体置换方法,直至内部气体低于爆炸混合气体爆炸下限的 10%,方可实施动火作业。

3. 带压法

由于生产不能停产而必须进行明火作业时,可采用带压法,但必须制定可靠的安全措施,根据现场情况进行详细分析,做到万无一失,必须有专人负责,监测可燃气体中氧的含量,以及管内气体压力稳定情况,并符合压力要求。有时压力过大无法焊接应采取相应措施,但这一条只限于补焊小孔、小裂缝。

三、油舱/罐、压力容器本体内外动火作业

海上平台、平台储油轮上的油舱、油罐一旦损坏,应当进行本体焊接。实施本体内外明火作业,危险性较大,主要安全工作如下。

1. 了解舱/罐情况

作业前必须要对舱/罐结构、尺寸、装油种类,与其管线、管汇的连接情况等进行详细的了解,找其原始的设计图纸及资料,定出可靠的安全措施。在遇到实际情况与设计、资料有不相符的情况下必须与平台技术人员协商。

2. 清洗、气体置换

本体内动火作业必须清除舱/罐内油垢并进行清洗,达标后方可实施动火作业。

(1)洗舱

清舱安全质量主要控制参数:

①洗舱舱室惰化后氧气体积比含量低于 5%,在此含氧量下的混合气体不会燃烧、爆炸,并保持舱室惰气处于正压状态,使空气不能进入舱室。

②清舱中,舱室可燃气体含量应低于爆炸极限下限的 10%,舱室氧气体积比含量大于 19.5%。

(2)防静电

①人员必须穿戴防静电服装,在入舱前消除身体所带静电电荷。

②舱室本体接地。

③与舱室连接的管系法兰应接防静电电缆。

(3)工具防爆

①通讯、仪表、测试仪,包括可燃气体及氧气测试仪均应防爆。

②照明灯具不但防爆,还应按规范规定的电压等级使用。

③其他工具如钻头、螺丝刀、扳手、扁铲等均应是不起火花的材料物质。

(4)舱室通风设备必须是防爆的,例如水力风机,并要求够大风量的风机,在舱室进行动火作业和完毕后检查期间,应一直保持足够量的通风直至封舱为止。

(5)舱室达到可明火作业的条件时,可明火作业,但必须按一级动火程序和进入限制空间程序进行。

3. **本体外动火作业应采取的措施**

如果油气生产区在生产进行中或已停产但无法进行清洗的情况下,应采

取惰性气体置换加满液体的方法。

（1）对整体结构要了解清楚，与其相连的管系及设备容器等，必须采取隔离、盲堵，使其舱/罐为独立体。

（2）视舱/罐内油液面高低，算出空间数值并测其空间的可燃气体含量，对此制定充置惰性气体、氮气等计划和措施。

（3）舱/罐内惰性气体置换后，测试其可燃气体含量应在爆炸下限的10%以下，氧气的含量应在5%以下。

（4）置换后的舱/罐应封闭，以免空气进入，其本体内应保持大于1个大气压以上的正压，如不能封盖人孔或阀、测量口等小型孔洞的舱/罐应保证惰性气体在动火期间连续充置。其舱/罐内保护正压，并不断测试孔、洞冒出气体中的可燃气体。

（5）氧气含量应符合安全标准，如超标，停止动火作业，进行整改达标后继续作业。

（6）油舱/罐外本体动火作业，应了解其壁板材质、厚度、热传导情况，确定采用的焊机、焊条、电流大小、焊接板壁深度，使其不能造成危害。

（7）油舱/罐外本体动火作业时，由于条件原因也可以加满液体进行作业，但在排空时难度较大。

（8）如果油舱/罐内剩油量大并且无法倒舱时，可以加满同种油类，并做好加油液动火作业的安全措施。

第四章　消防安全知识

第一节　石油和天然气特性

一、石油特性

石油具有以下特性,并且有些特性对海上作业安全构成较大威胁,应特别引起注意。

(1)挥发性:指在常温、常压下石油液体表面的分子不断地脱离其表面,转变为气体的特性。石油转变为气态后,会随空气扩散并容易燃烧和爆炸。

(2)可燃性:指石油蒸发的气体与空气混合后,遇火即可燃烧的特性。石油产品燃烧会产生高温,对人员生命及平台结构形成危害,当发生爆炸时会形成较大的摧毁力。

(3)扩散性:指石油气体随空气漂流扩散的特性。在 5 m/s(4 级)的风速下,油气可密集扩散得很远,将对海上石油设施构成严重的火灾隐患。

(4)膨胀性:指在温度升高的条件下,体积加大的特性。在石油运输和储存过程中必须考虑这一因素。

(5)流动性:指在一定温度条件下,石油流动的特性。

(6)毒性:指石油液体及气体中所具有的能够危害人员生命的特性。可以导致人员失去知觉、意识丧失直至死亡。

(7)带电性:指石油在开采、储运过程中产生静电荷的特性。静电是引发火灾的重要因素。

二、天然气特性

(1)密度:天然气一般无色,气田天然气相对密度在 0.55 左右,油田天然气相对密度在 0.75 左右。由于天然气轻于空气,在相对稳定的大气中容易逸散,给海上作业防火工作带来影响。

(2)毒害性:甲烷本身无毒,但天然气中所含的硫化氢等物质具有毒性。

(3)发热量:天然气的发热量为 35000～39000 kJ/Nm³(发热量是指在某一温度下,1 Nm³ 气体燃料在外界无机械功交换的条件下,完全燃烧后所释放的热量,单位为 kJ/Nm³)。

(4)自燃点:干性天然气的自燃点为 500～700 ℃。由于其自燃点较低,天然气属于易燃、有爆炸危险性的气体。

(5)最小点火能:干性天然气的最小点火能为 0.3～0.4 mJ(最小点火能是指一定浓度可燃物燃烧所需要的最小能量)。

(6)引燃温度:天然气的引燃温度为 482～632 ℃,属于甲类危险性气体。

第二节　燃烧与火灾

一、燃烧定义

燃烧是可燃物质在一定条件下产生的发光、发热的剧烈氧化反应。

二、燃烧条件

燃烧的本质是可燃物质在气相状态下(液体的挥发气体、固体受热析出的气体),与空气混合并达到一定浓度情况下,遇火所产生的剧烈化学反应。因此,燃烧必须具备三个基本条件(称作燃烧三要素)。

1. 可燃物质

能够在空气、氧气或其他氧化剂中发生燃烧反应的物质称为可燃物质。

2. 助燃物质

能够与可燃物质发生反应并能够引起燃烧的物质(主要是氧和各种氧化剂),称为助燃物质。

含氧量充足的情况下,可燃物能够燃烧;含氧量供应不足的情况下,会出现不完全燃烧;隔绝空气时,燃烧将终止。

3. 着火源

能够向可燃物质和助燃物质提供氧化反应能量,形成燃烧的能源,称为着火源。

海上设施上能够成为火源的能源很多,主要有:

(1)明火;

（2）火花、火星；

（3）高温；

（4）聚集的日光；

（5）静电积蓄放电。

三、燃烧与爆炸类型

1. 燃烧的类型

燃烧的类型主要有以下几种。

（1）闪燃：火焰持续超过 5 s 以下的燃烧现象，称为闪燃。

（2）着火：火焰持续超过 5 s 以上的燃烧现象，称为着火。

（3）自燃：可燃物因为受热或化学分解，在没有接触明火的状态下自行燃烧的现象，称为自燃。

（4）爆炸：可燃气体或粉尘在空气中的浓度达到一定范围，遇火出现的剧烈的瞬间能量释放，称为爆炸。

可燃气体在空气中能够爆炸的浓度范围称之为爆炸极限。

2. 爆炸的特征

（1）燃烧速度快，反应瞬间完成；

（2）压力、温度急剧升高；

（3）发出剧烈响声；

（4）产生冲击波。

3. 爆炸的种类

（1）化学爆炸（爆燃）：可燃气体和空气的混合气体在爆炸极限内遇火出现的爆炸性燃烧。

（2）物理爆炸：化学爆炸产生的高压和冲击波造成容器内膨胀，最终爆裂、破碎的现象。

（3）核爆炸（本书不做介绍）。

四、燃烧状态

燃烧状态可分为扩散燃烧和动力燃烧。

（1）扩散燃烧：可燃物与助燃物的混合是在燃烧过程进行，即边混合边燃烧的现象。

（2）动力燃烧：可燃物与助燃物已混合完毕，并呈气相，遇火导致的以爆炸形式为主的燃烧形式。

五、火灾形成过程

火灾是从局部燃烧逐步发展形成的,初始出现的小型燃烧产生的热量对周围可燃物进行加热,使更多的物质蒸发或者析出可燃气体,这些可燃气体与助燃物混合后遇火源进入燃烧状态,从而产生更大能量,最终导致火灾。

六、燃烧的形式

由于可燃物质可以是气体、液体或固体,所以它们的燃烧形式是多种多样的。按照产生燃烧反应相的不同,可分为均相燃烧和非均相燃烧。均相燃烧是指燃烧反应在同一相中进行,如天然气在空气中燃烧是在同一的气相中进行的,就属于均相燃烧。与此相反的情况则为非均相燃烧,如石油、木材等液体和固体的燃烧就属于非均相燃烧。非均相燃烧比较复杂,必须考虑到可燃液体及固体物质的加热,以及由此产生的相变化。

1. 可燃气体的燃烧

(1)混合燃烧

将可燃气体预先与空气混合,在这种情况下发生的燃烧称为混合燃烧。混合燃烧反应迅速,温度高,火焰传播速度很快,通常的爆炸发生即属于这一类。

(2)扩散燃烧

可燃性气体由管中喷出,与周围空气接触,可燃气体分子与氧分子由于相互扩散,一边混合一边燃烧,这种形式的燃烧叫作扩散燃烧。在扩散燃烧中,由于氧进入管中只是部分参与反应,所以经常产生不完全燃烧的炭黑。

2. 可燃液体和固体的燃烧

(1)蒸发燃烧

可燃液体燃烧时,通常液体本身并不燃烧,而只是由液体蒸发产生的蒸气进行燃烧,这种形式的燃烧叫作蒸发燃烧。蒸气被点燃起火后,形成的高温火焰进一步加热了可燃液体的表面,从而加速可燃液体的蒸发,使燃烧继续蔓延和扩大。汽油、酒精等可燃液体的燃烧就属于蒸发燃烧。

(2)分解燃烧

很多固体或不挥发性液体,由于受热分解而产生可燃性气体,这种气体的燃烧称为分解燃烧。例如木材和油脂大多是先分解产生可燃气体再行燃烧,所以是分解燃烧的一种。

（3）表面燃烧

可燃固体燃烧到后期,分解不出可燃气体,就剩下无定形炭和灰,此时没有可见火焰,燃烧是在高温可燃固体与空气相接触的表面上进行的,这种燃烧称为表面燃烧。金属的燃烧也是另一种表面燃烧,没有汽化过程,燃烧温度较高。

七、控制燃烧与爆炸的手段

海上设施动火作业控制燃烧与爆炸的手段主要有以下几种。

（1）控制可燃物:在作业区域内通过各种手段清除或阻止可燃物的存在,破坏燃烧条件,防止火灾。

（2）控制助燃物:在某种空间或容器内,通过加注惰性气体或其他方法,降低氧气含量,使燃烧无法实现。

（3）控制着火源:控制作业中的高温及产生的作业火花。

第三节　消防基本知识

一、生产作业导致火灾原因

（1）作业高温（电气焊、金属加工）;

（2）电器（短路、电器火花、电器燃烧）;

（3）静电;

（4）金属碰撞;

（5）燃烧物失控;

（6）室内物质氧化。

二、海洋石油火灾特点

（1）油气共存、易燃易爆;

（2）蔓延速度快;

（3）危险处所多;

（4）燃烧产物有毒性;

（5）火灾扑救难度大。

三、火灾的危害

（1）产生高温使人员受到烧伤;

（2）产生有毒气体使人员中毒、窒息而死亡；

（3）爆炸形成的冲击波导致平台结构和人员受到伤害。

四、消除危害的方法

（1）做好自身防护；

（2）穿防火服或棉、毛制品衣服；

（3）使用空气呼吸器保证呼吸；

（4）寻找含氧量充足、温度低的处所避难；

（5）对火进行控制，使其不会对人员及设施产生更大威胁；

（6）正确使用灭火设备和器材将火扑灭。

五、发现火灾采取的行动

（1）报警；

（2）关闭门窗、降低通风；

（3）切断电源；

（4）寻找适宜的灭火器材对火进行控制。

六、火灾的扑救

1. 灭火原则

（1）对火进行控制；

（2）选择适宜的灭火器材；

（3）使用最佳的灭火手段；

（4）集中有效的人员。

2. 灭火方法

（1）冷却法；

（2）窒息法；

（3）隔离法；

（4）抑制法——化学中断法。

3. 灭火器材的选择

（1）初起小型火：手提式灭火器材或移动式灭火器；

（2）中、大型火：固定消防系统。

4. 灭火时机的选择

火灾初期，火场温度低、有害物质少，是扑灭火灾的最佳时机。

5．灭火剂的适用范围

（1）干粉（抑制）：气体火、油类火；

（2）泡沫（窒息）：油类火；

（3）海伦（抑制）：电器火、油类火、气体火；

（4）二氧化碳（窒息）：电器火（仅限于舱室内）；

（5）水（冷却）：固体火。

6．灭火器的使用

（1）拔出保险销；

（2）打开防潮塞；

（3）手握喷管；

（4）对准火焰根部；

（5）压下开关；

（6）将干粉喷射在燃烧物表面上。

7．灭火技巧

（1）灭火方向的选择

①从上风方向接近火场；

②燃烧物呈立体状态时，应从下向上扑救；

③尽可能将火围困，防止火焰蔓延扩散。

（2）提高灭火器使用效率

①使用干粉灭火器时，应沿水平方向摆动，增大干粉覆盖面积；

②使用泡沫灭火器时，不得将泡沫直接喷射在泡沫覆盖层上；

③二氧化碳灭火器不能在通风场所使用。

七、典型火灾扑救

1．小型油起火

（1）报警；

（2）迅速调集干粉灭火器或泡沫灭火器；

（3）灭火人员手持灭火器沿火场上风集合；

（4）共同对准火焰喷射灭火剂；

（5）随着燃烧区面积的不断减小，缩小包围圈直至将火全部扑灭；

（6）将火扑灭后，应面对火场倒退撤离，防止复燃。

2．电器起火

（1）报警；

（2）切断电源；

（3）迅速调集二氧化碳灭火器或1211灭火器；

（4）对燃烧物喷射灭火剂。

3．固体起火

（1）报警；

（2）关闭门窗；

（3）接通消防水；

（4）对准火焰喷射；

（5）扑救完毕后应对燃烧物进行检查，防止余火存在，导致复燃。

第五章　动火作业事故案例分析

案例一　乙炔气瓶火灾险情事件

一、事件描述

2002年9月2日,西江30-2平台。06:00,一份热工单发放给某承包商的杨某和张某,作业区域为西江30-2平台底层甲板西北热工预制区域。作业一直正常进行,直到16:20,乙炔气瓶用完,更换了一个满的乙炔气瓶,这些气瓶都是另一家专业气瓶服务公司提供的。根据以往经验,他们用特富龙(Teflon)牌生胶带缠绕气瓶调节器公接头,以使连接密封性更好,连接完毕后,他们大概目视检查了一下接头,没有发现问题,恢复热工作业。该热工作业包括氧炔焰切割和打磨作业,乙炔气瓶距离工作台大约4.5 m,处于可接受范围。大约在16:35,看火员杨某发现气体调节器连接处有火苗并立即扑灭火苗,关闭乙炔气阀,断开气体调节器。16:38,平台安全代表被联系上并告知刚才的事件基本情况。该事件没有造成任何人员伤害、设备损失。

二、事件原因

1. 使用不符合标准的设备、材料:南华气缸保护阀盖设计有缺陷。
2. 违反相关法律法规:Teflon胶带不能用于气瓶阀连接。

三、事件教训

1. 严格按照相关法律法规进行作业。
2. 加强人员培训,提高人员安全素质。
3. 使用符合行业标准的设备。

案例二　动火作业中的火灾事故

一、事故描述

2007 年 5 月 18 日,海工青岛场地建造过程中发生火灾事故。当时正在进行现场焊接作业,二层甲板的焊渣坠落到一层,点燃了盖在设备上的帆布,火灾最终导致设备被烧毁,所幸没有人员伤亡。

二、事故教训

充分领会"五想五不干"的精神,应认识到动火作业是一项非常危险的作业,其潜在风险并不会因为动火现场从海上设施移到陆地场地而发生根本的变化。

1. 动火作业应特别提示注意的事项包括但不限于以下内容:

(1)动火作业前的现场检查;

(2)现场检查应该由设施/场地安全主管人员、作业主管人员和作业现场安全监护人员共同参与;

(3)现场检查重点应包括动火点附近的易燃/可燃物清理、下水道水封、作业点附近可燃气体含量的检测;

(4)防止火星、焊渣坠落/飘动的安全遮挡手段;

(5)准备好灭火器、消防水龙带;

(6)电缆、气带等所处地点应不会受外力损害。

2. 确认没有其他作业可能受到动火的影响。

3. 监护人员应该:

(1)熟悉现场火险报警的程序和报警点位置;

(2)熟练掌握消防设备的使用方法;

(3)密切关注现场和环境的变化,例如风向的变化、动火点的变化等;

(4)可燃气体探测器报警时要立即停止作业,并立即通知设施/场地的安全管理人员;

(5)密切关注动火设备的安全状况,包括放置的位置、安全距离、漏电保护装置、减压和防回火装置等。

案例三 "3·15"爆炸、燃烧事故

一、事故描述

2013年3月15日,某公司排采用油箱的供货商在公司晋城分公司潘河采气厂所属柿庄北排采驻地进行维修作业时,发生爆炸、燃烧事故,致使两名作业人员一死一伤。

二、事故相关单位概况

采气厂柿庄北排采驻地(简称柿庄北驻地),隶属于晋城分公司采气厂,负责柿庄北勘探项目的排采工作,2012年11月因柿庄北项目排采规模扩大,工作需要,经晋城分公司批准,设立柿庄北驻地,现驻员工17名。

长治市城南机械有限公司(简称城南机械),为分公司防盗油箱供应商,晋城分公司于2012年12月与城南机械签订产品购销合同,为分公司提供排采现场动力设备(柴油发电机)供应油料的防盗油箱。

长治市绿源电焊铺(简称门市部),受城南机械委托,生产防盗油箱,并根据城南机械要求保证防盗油箱质量。

三、事故经过

发生爆炸的油箱于3月12日出现故障,根据购销合同规定,在质保期内,厂家实行三包,于是,该公司作业人员将油箱中剩余柴油用手摇泵倒入新上井的油箱后,将故障油箱从排采井场运至柿庄北驻地(一共3个),潘河采气厂物资管理部副主任李陈斌要求城南机械相关人员进行处理。

3月15日上午,城南机械经理胡木凡与该公司柿庄北驻地班长李阳辉联系,并于9:40左右开车到达柿庄北驻地,一行共四人,分别为城南机械经理胡木凡(已被刑事拘留)、门市部老板原绿洲(此人已被刑事拘留)及门市部老板临时雇用的两名焊工(一人有焊工证,年龄50岁左右,被烧伤,在医院治疗;焊工助手刘慧峰没有焊工证,年龄27岁,已死亡)。这四人的关系是:城南机械雇用门市部为其工作,门市部又雇用该焊工及其助手。进入驻地后,胡木凡指挥其他三人将车上的撬棍、切割机、电焊机等设备卸下,准备在现场对油箱进行维修。见此情形,公司驻地副班长李炬杰当即向其告知:"油箱已使用过,里面有残留柴油。"因不知将进行何种作业,李炬杰又询问:"作业是否有危险?"但施工人员未予理睬,只是笑了笑。李炬杰因有其他工作,随即离开了维修作业点。同时,城南机械经理胡木凡及门市部老板在维修工作开始后也离开维修作业点。

10:30左右,在完成撬解、切割输油管外罩等工作后,两名焊工开始对漏油的输油管进行焊接作业,焊枪刚接触输油管,就发生燃烧、爆炸事故,进行焊接作业的年老者被炸出着火范围之外,其助手则被困在着火区。该公司柿庄北驻地员工听到爆炸声后,立即冲出办公室,发现发生爆炸的地点一片火海,且一人胳膊着火,躺在驻地厕所(离油箱存放点约5 m)旁边,驻地工人迅速使用灭火器将此人身上的火扑灭,然后得知火区内仍有一人,但是因火势太大,用完6只8 kg灭火器后仍无法控制火势,于是,驻地员工迅速拨打了119报警,同时向当地120、110求助。

四、事故原因

1. 焊接人员在未按照焊接作业规程对油箱进行检查,未清理油罐残留油料,未进行相关安全保护措施的情况下,对油箱进行焊接作业,引发油箱内的油蒸气爆炸,是此次事故发生的直接原因。

2. 长治市城南机械有限责任公司,未对所雇用的门市部操作人员进行审核,雇用未取证和进行培训教育的人员进行焊接作业,属违章作业,是此次事故发生的主要原因。

3. 潘河采气厂未对该项动火作业进行管理,未对盛装过油料的油箱进行风险识别,未对盛装油料的容器进行有效管理,是发生此次事故的间接原因。

案例四　热工作业中的爆燃事故

一、事故描述

合众公司在为平湖海上平台进行污水沉箱改造施工作业。2005年6月29日15:30左右,施工人员到带缆走道做施工前的准备工作,因潮位较高,海水打到带缆走道上无法进行正常施工作业,施工方安全员决定暂停施工,所有人员都离开了施工现场。17:00施工人员再次回到施工现场进行施工,三条焊枪同时进行焊接作业,其中两条焊枪焊接原箱体和新加高箱体间的焊缝,另外一条焊枪焊接新加高沉箱内的马脚,以便调整管线位置,工人A站在沉箱内扶马脚调节管线位置,焊工站在沉箱外对马脚进行焊接,17:35左右,沉箱人孔处突然发生闪燃,火焰瞬间超过箱体高度 1 m 左右,火焰持续时间大约 2 秒钟,将正站在沉箱内调节管线的工人 A 的脸部灼伤。安全员和动火监护人员立即使用消防水枪对沉箱进行冷却降温,然后进入沉箱检测可燃气体浓度为零。事故发生后,立即将受伤人员 A 送到医务室进行医疗处理,经医生检查 A 为脸部轻度灼伤。

二、事故分析

1. 直接原因

(1)焊接原箱体和新加高箱体间的焊缝时,沉箱内壁没有清洗干净的油垢受热挥发成可燃气体。

(2)充氮气的量不够,沉箱内没有形成惰化空间,有空气进入沉箱内。

(3)人孔盖只盖了一半,焊接时电焊火花从人孔掉入沉箱。

2. 间接原因

(1)海上施工作业人员没有参与施工方案的风险分析,参加风险分析的人员也没有将风险分析情况向施工人员交底。

(2)施工作业前没有按照《HSE 体系》要求进行工作任务安全分析(JSA)。

(3)施工作业中断后重新恢复作业时没有通知平台安全监督,导致平台安全监督没有对作业现场的安全状况进行重新检查确认。

(4)作业人员经验不足,对气体监测的频率和监测的部位掌握不准并且记录不清,对氮气惰化的充分程度也把握不够。

(5)思想麻痹大意,在整个施工作业过程中,最危险阶段因为按照施工措施执行了,没有出事,而出事的阶段是应该比较安全的阶段。

三、事故教训

(1)对于在此类油罐上进行热工作业时,一定要意识到有些角落是不容易清洗干净的,油污受热容易汽化,需要有严格的措施来保证,比如充填消防水、泡沫、惰性气体置换等措施。

(2)热工现场附近的可燃物质(包括油污、棉纱、纸张等)应及时清理,对于不能移走的要采取措施保证与火源的隔离,比如采用多层防火毯覆盖、盲板封闭管线出口等措施。

(3)热工作业应对现场可燃气体浓度进行持续监测,建议使用主动吸气式的监测仪器,对热工作业现场及周围邻近的法兰、阀门、下水道等在作业前、作业中要巡回检查。

(4)热工作业中断 30 分钟以上的,应该在重新开工前再次检查作业现场的情况,包括以前做的防护措施是否依然有效、现场的可燃气体浓度是否符合要求等。

(5)对于重大作业和风险较高的作业,在作业前平台安全监督和有关专业人员一定要到现场对作业前的准备工作进行确认,确保作业人员按既定的作业方案进行施工作业。

(6)确保施工作业的技术方案传达到现场作业的每个人;加强对体系的监督执行,各项作业一定要严格按体系要求进行,特别是在作业前一定要组织作业人员对作业进行 JSA 分析,并将分析的结果传达到每个作业人员;作业过程中一定要按要求做好各项记录。

附录一　海洋石油企业工业动火安全管理规程

中国海洋石油总公司企业标准
海洋石油企业工业动火安全管理规程
（Q/HS 4008—2002）

1　范围

本标准规定了海洋石油企业生产设施、设备动火作业的安全要求、安全防护措施、安全管理范围及有关人员的职责。

本标准适用于海洋石油企业设施、设备、作业场所的动火作业。

2　术语和定义

本标准采用下列术语、定义。

2.1　工业动火 industrial act fire

指生产作业过程中直接或间接产生明火或爆炸的作业。包括但不限于以下各种情况：

（a）使用焊接、切割工具在工业场所进行的焊接、切割、加温作业；

（b）利用金属进行的打磨作业；

（c）利用明火在工业场所进行的作业；

（d）利用远红外线及其他产生热源能导致易燃易爆品、有毒有害物质产生化学变化的；

（e）作业中使用遇水或空气的水蒸气产生爆炸的固体物质。

2.2　爆炸下限 lower limit of explosion

是指可燃气体、可燃液体蒸汽和可燃粉尘的混合物在相应温度的条件下遇火源能发生爆炸的最低浓度范围。

2.3　现场监护 wardship in site

在动火作业中,由具有一定工作能力和安全知识水平的专业人员,配备专用的安全检测仪器、仪表和消防器具,按照动火审批的程序和措施在工作现场进行监督、检查和保护工作。

3　工业动火作业的戒备范围

工业动火作业的戒备范围主要包括:

(a)产生火灾和爆炸性气体混合物或液体、固体连续出现或长期存在的场所;

(b)在正常生产运行过程中能产生火灾和爆炸性气体混合物,或液体、固体物的场所;

(c)在正常生产运行过程的中断时间内产生火灾和爆炸气体混合物,或液体、固体的场所。

4　工业动火作业等级分类

根据动火作业的危险程度和受到的影响范围,海洋石油企业工业动火作业划分为三级。

4.1　一级工业动火作业

下列场所的动火作业属于一级工业动火作业:

(a)使用过易燃易爆物品的容器或经过加温后能产生爆燃或爆炸物质的容器;

(b)船舶机舱、油舱、污油舱、油漆库;

(c)钻井平台机舱、燃油舱、机油舱、污油舱、含污水舱、油漆及稀料库房,钻开油气层后的钻台、泥浆房、泥浆池;

(d)采油平台和浮式储油装置的油气处理装置、机舱、油气生产区域、燃油舱、污油舱、含污水舱、油漆及稀料库房、修井状态下的钻台及井口;

(e)进行防腐和涂漆作业以及使用稀释剂的环境;

(f)能产生毒气的电、气焊和气割作业;

(g)井喷后的事故现场;

(h)涂装作业的尖艏舱、尾尖舱、锚链舱、舵机舱、走道舱、油舱、双层底舱、污水舱、边水舱、船用锅炉以及各种容器内和不易通风的狭小舱室;

(i)陆地终端的油气分离厂、化肥生产厂、油气码头等按消防管理部门设定的一类易燃易爆区域;

(j)重大事故处理现场;

(k)消防部门重点保护的其他区域。

4.2　二级工业动火作业

下列场所的动火作业属于二级工业动火作业:

(a)输油(气)站、石油液化气站外设备及管线;

(b)停工检修的油气生产装置已经过处理,经可燃气体检测合格的工艺生产装置;

(c)从易燃易爆及有毒有害装置或系统拆除,且运到安全指定位置的容器、管线、设备;

(d)油罐区防火堤以内;

(e)油、气库内的维修间、锅炉房、内燃机发电房、配电间;

(f)在涂装作业中的船舶的机舱、货舱、驾驶室、住舱、通道;

(g)可燃物料堆场;

(h)车库、仓库及木材加工场;

(i)生产装置、油装区的非防爆场所及防火间距以外的区域;

(j)钻井平台、采油平台、浮式储油生产装置的修理间、材料仓库、机舱、泵房、操作室、配电间、应急发电房、中控室、生活区域的食品加工间、库房、主舱室、通道。

4.3 三级工业动火作业

除一级、二级工业动火范围以外的工业动火。

5 工业动火作业审批权限

5.1 一级动火由设施管理者的上级安全主管部门进行审批。

5.2 二级动火由设施管理者的安全部门审批。

5.3 三级动火由动火单位提出申请,由业主单位批准即可动火。

6 工业动火作业的基本要求

6.1 施工作业人员

6.1.1 应持有与动火作业相符的安全操作证。

6.1.2 工作之前应:

(a)接受安全教育;

(b)熟悉工作内容和工作环境;

(c)向有关人员或有关领导确认动火批准报告,并认真核实;

(d)检查监护人是否到位。

6.2 现场监护人

6.2.1 监护人应:

(a)得到政府有关部门或政府有关部门认可的单位的培训;

(b)是有一定能力并且有责任心的专业人员;

(c)熟悉工作内容和工作环境;

（d）熟悉使用安全检测仪器、仪表和消防器材；

（e）了解消防系统的性能和状况；

（f）和作业者建立联系，在紧急状态下得到支援。

6.2.2　在动火过程中监护人不准离开动火现场，应监督动火作业方案的措施的落实。

6.2.3　动火监护人有权在认为安全得不到保证时宣布停止工作，并应在隐患得到整改时宣布恢复作业。

6.3　动火手续的办理

施工单位在确定要在禁火区域用明火配合作业的项目、内容、部位、时间后，应提前办理动火手续。

6.3.1　工业动火作业应提前办理动火手续，施工单位指定现场监护人。

6.3.2　工业动火作业应由施工负责人填写动火许可证，报本单位主管安全领导批准。

6.3.3　涉及业主的设施、设备而进行的工业动火作业，应由施工作业单位向业主申报动火作业申请，经批准后方可动火。

6.3.4　停靠码头的船舶维修，需要工业动火作业时，应由施工单位向海事监督管理部门申报，经批准后方可动火。

6.3.5　由于动火作业不能连续进行，或者作业内容及周围环境发生变化，以及超过申请期限，动火许可证应视为过期无效。

6.3.6　所有动火许可证都应妥善保存备查。

6.4　取得动火作业许可证后的工作

在取得动火作业许可证后，施工作业单位必须对动火区域周围严格检查，消除或隔离易燃、易爆物品。

6.5　动火作业完毕后的工作

作业完毕后，要清理现场，消灭火种，不留隐患。

6.6　工业动火过程中的管理要求

主要包括：

（a）工作业单位应对作业人员进行安全教育。

（b）应保证动火作业许可证中的各项预防措施得到落实。

（c）应通告附近的其他作业人员，不要从事任何可能改变环境条件而使许可证失效的工作。

（d）应防止进行与许可证作业内容相冲突的其他作业。

（e）如因发生某种变化而产生不安全情况，应通知所有有关人员停止工作。

(f)作业人员应遵守动火作业规定并执行安全操作规程。

(g)在必要情况下,动火区域应用护栏进行隔离,防止闲人进入。当在高处动火作业时,应在下方隔离出安全区域。在必要的地方,设置"禁止入内"、"正在动火"警告牌等。

(h)焊工应使用带有滤光镜和遮光板的焊工帽或手持护罩,工服应用阻燃材料制成,动火作业人员应戴耐火防护手套。

(i)在狭窄区域动火作业中,为保证人员有良好的呼吸环境,防止有害有毒和易燃气体聚集,应充分提供自然通风或强制通风。

(j)在对青铜、黄铜、镀锌铁、合金进行动火作业时,由于可能释放出有害的烟雾,操作人员必须戴上有效的防毒面具。

(k)工作地面潮湿或有水时,应采取适当措施,防止人员受到电击。

(l)动火作业前,必须由安全负责人员对动火区域或附近的空气进行检测。所有的可燃气体检测仪必须是已认可的和被定期校验过的,要在不同的地点进行检测。当易燃气体的含量低于爆炸下限的五分之一时才能动火。若在有限空间内动火,还应对该空气进行氧气含量监测。

(m)被动火的物体若为储存易燃物的油桶、容器、罐或其他容器,则必须将里面的残液、污垢和沉积物清洗干净,并用惰性气体吹扫和置换,经气体检测合格后,才能进行动火作业。若容器内可燃物质不易清洗干净,则必须采取其他有效措施,防止容器内产生爆炸性混合气体,否则不能进行动火作业。对有挥发性可燃气体、化学危险品的部位,应切断气源,进行置换、清洗通风,消除周围可燃性物质,并经测量可燃气体含量及含氧量,由安全员认可无隐患后,方可动火作业。

(n)凡需切割、焊接的油气管线,必须事先用惰性气体吹扫和置换清除管内的余气,同时应对相连的管线、容器进行有效的隔离和封闭,经安全监督确认达到安全条件后方可进行动火作业。

(o)能拆卸的管系、机件等动火作业时,应在工作间进行,无工作间的,应移至安全地点进行。

(p)如果工作场地有易燃物质,在可行的情况下,应把易燃物质转移到安全地方,若转移不了,应加以保护,避开热源、火花和熔渣。

(q)工作场地应配备必要的轻便式灭火器和安全设备,必要时应准备防火毯。

7 动火设备的检查

7.1 应检查焊接导线是否出现开裂、断开、接头松脱,并应在使用前维修好。

7.2 应检查焊接设备,包括电焊机、电焊把钳及放置位置,是否符合安全管理规定,确保完好。在焊接前应目测检查焊条、焊条钳和所有绝缘部件。

7.3　所有交流弧焊机应配备适当的自动减压装置。在每次开始焊接之前,应检查自动减压装置的工作状况。

7.4　电焊工应穿戴完好的工服、绝缘工鞋和手套以防电击,并应采取避免偶然触到带电元件的措施。焊工在狭窄的工作场地作业时,附近的导电部件应加以绝缘,以避免由于场地狭窄而造成不慎触电。

7.5　在将电焊把线连接到焊机上进行操作以前,应经动火作业现场单位的电工检查,以确认连接良好。盘绕的焊接电缆在使用之前,一定要展开,以免过热而损坏其绝缘层。焊工不得用身体的任何部分来盘绕电缆。

7.6　在动火作业前,应对所有气焊和气割设备,包括焊枪、割枪、软管、软管接头和减压调节器进行检查使其符合安全规定,确保良好状态。

7.7　应检查氧气瓶、乙炔瓶、接头、软管及阀门是否泄漏。氧气和乙炔瓶上都必须安装回火阀。

7.8　氧气瓶、气瓶阀、接头、调节器软管及器具应保持无油,并不得用油手或带油的手套去接触氧气瓶或器具。

7.9　焊枪或割枪在组装后和点火前应检查其接头是否漏气,在每天第一次点火之前,应吹气净化软管。净化软管工作不能在封闭空间内或接近火源处进行。

7.10　在把调节器接到气瓶阀上之前,应用无油干净棉布擦干净门出口,并且进行扫气,即应将阀门瞬间打开并立即关闭。

7.11　减压调节器上的联管螺母及接头在使用前应检查其密封是否良好,在调节器与气瓶连接之前,应排净调节器内的氧气。

8　施工现场防火防爆

8.1　在动火作业过程中应根据工作要求,随时对动火区域附近的区域进行气体检测,检测结果必须满足工业动火作业许可证的要求,并记录备查。

8.2　在工业动火作业的工作区内,应严禁清洗、喷涂或其他可能导致可燃物质挥发的作业。

8.3　电焊作业在连接和断开焊接设备的电源时,应由电工操作。焊工应负责进行低压电缆接头的连接。

8.4　应确保焊机的外壳正确接地。焊机输出端的接地线必须采用带有适当夹具或螺栓接头的一根多股大直径导线。接地线的一端接头应连接在被焊物件上,且尽可能靠近焊点,严禁用金属结构、轨道、管道或其他金属物搭接起来代替导线,以避免因接触不好,产生火花,引起火灾。

8.5　当要移动焊机时,应该切断输入电源。

8.6　当焊条不用时,应该从电焊把钳上取下来,以避免触及人体或导体。电焊把钳停止使用时,不能与人体、导体、可燃液体或压缩空气产生点接触。

8.7　焊枪应该用专用点火器,不应使用灼热金属,焊枪头不应指向人或易燃品。

8.8　工业动火作业现场周围至少 10 m 范围内,包括任何隔墙或障碍物的另一边,都应进行观测检查,尤其应注意下水道或地漏等处,工作范围内不得有任何易燃物品或火源传导途径。

8.9　在工业动火作业开始直至结束后的 30 min 内,监护人要持续监视该作业区。

8.10　在发现火花、火焰或热辐射扩散到许可区以外的地方或怀疑可燃气出现时,应停止动火作业。

8.11　动火作业结束后必须清除各种火源,切断与动火作业有关的电源、气源等,恢复现场的安全状态。

附录二 中海石油(中国)有限公司 天津分公司动火作业要求

1 目的和范围

本程序为操作人员在进行动火作业时做好人员和区域保护、防火和防爆工作提供指导,并要求相关人员清楚动火作业的一般健康安全环境要求,确保作业安全顺利完成。

本程序适用于在天津分公司所辖区域,尤其是危险区域内进行的电、气焊接与切割作业/打磨作业,烘、烤等能直接或间接产生明火的热工作业。

2 职责

2.1 现场监督负责现场动火的管理。

2.2 现场作业者按本程序的规定实施动火和监护。

3 工作内容

3.1 危险区的分类

3.1.1 各油(气)矿厂应按照设计规范划分危险区,现场认为需要按照危险区管理的区域也可以划为危险区。

3.1.2 设施中除危险区以外的区域为安全区。

3.2 作业前的准备

3.2.1 各油(气)矿厂在安全区进行的动火作业,由作业负责人将有关情况向总监进行说明,由总监确定该作业是否需要开具"热工作业许可证",对需要开具许可证的应按照 HSE/WA-013"工作许可"程序办理相关手续,作业监护的要求可以由现场监督确定;对于在安全区不开具许可证的热工作业现场应有严格的安全管理制度和防范措施并经设施总监认可。

3.2.2 危险区的动火作业应申请"热工作业许可证",按照工作许可程序的要求进行办理,动火作业必须要由有资格证的监护人在场监护,动火作业相关人员的职责与权限见"工作许可"。

3.2.3 现场监督应确认焊接、切割工具是否符合要求,气瓶的使用要求请参见 HSE/WA-028"压缩气体和工业气瓶的安全管理"。

3.2.4 施工单位应配备两台以上便携式可燃气体探测仪,如果是在限制空间内实施动火作业,且需要控制氧气含量时,还应配备两台以上便携式氧气测试仪。

3.2.5 现场监督应组织检查平台(厂)消防、报警及逃生系统并能够确定其为正常状态。

3.2.6 施工单位应使用防爆工具和设备。

3.2.7 施工单位所用遮挡物如帆布、隔板等应由非可燃物材料制成、消防设备及器材应由现场监督和安全监督确认。

3.2.8 施工单位应按照分公司健康安全环保管理的相关规定,妥善、及时地清除动火现场可燃物、积水、障碍物。

3.2.9 动火监护人应对动火现场进行可燃气体测试,其含量应小于爆炸极限下限的 20%。

3.2.10 由平台总监(小平台长、钻井监督)根据其动火作业的危险性通知水手长将值班船起锚,在距动火现场 1 海里①以内巡航待命。

3.2.11 现场作业人员应穿戴好符合要求的劳动保护用品。

3.3 作业健康安全环保管理

3.3.1 作业负责人根据需要设置警告牌或用护栏围上(或用绳索拦起来),防止无关人员进入;当在高处作业时,对下方做必要的防护。

3.3.2 在作业前应执行"隔离与锁定程序"。

3.3.3 作业负责人负责采取有效防护措施,避免焊接和切割的弧光辐射和飞溅火花对人员造成伤害;现场产生的废弃物应按本公司 HSE/P10-2004 "废弃物管理控制程序"的相关规定予以处置。

3.3.4 在动火作业开始前,作业负责人报告中控,由中控值班人员通过广播告知现场的所有人员准备进行动火作业。现场所有人员应停止可能对动火作业健康安全环境行为构成威胁的工作,例如:取样、排放、扬尘、洒落等。

3.3.5 在风级达到 6 级以上时应停止动火作业,特殊情况应由施工单位负责人和现场监督(安全监督参与)共同识别和分析风险后制定相应的控制措施。

3.4 动火健康安全环保要求

3.4.1 基本要求

(1)非防爆电气设备应放置远离现场的安全场所由现场监督指定,必要时

---

① 1 海里=1.852 km。

由安全监督指定。

(2)电焊把线及乙炔、氧气管线无接头,应完好无损。

(3)气管线和气瓶嘴必须用专用接头连接。

(4)氧气瓶、乙炔气瓶离动火现场的距离应大于 10 m,两种气瓶距离应大于 8 m。

(5)电焊钳点火点与地线应在同一工件上,两点距离不应大于 0.5 m。

3.4.2　特殊部位动火的健康安全环保控制技术要求

应充分考虑所有清洗作业产生的废弃物及相关过程中产生、释放的各种废弃物的达标排放(或定置管理)要求,防止无序排放。

井口区域动火作业,应由采油操作人员严格检查井上、井下安全阀自动、手动关闭系统必须处在完好状态,以便在紧急情况时随时关断。

储油罐、舱、柜、箱本体内部动火作业,动火作业前应作如下处理:

(1)由作业负责人组织清洗内部油污;

(2)由作业负责人负责组织强行通风置换,达到容器内可燃气体的含量小于爆炸极限下限的 20%,动火作业时继续通风直至动火完毕为止;

(3)进入容器内的作业人员应穿戴防静电劳保服装;

(4)容器内环境含氧量应在 18%～21% 之间;

(5)在动火作业范围内不允许有其他明火作业;

(6)容器内所用敲打、撞击等工具应是由防止火花产生的材料制成。

储油轮、舱外本体动火作业由于条件所限无法清洗,应满足以下条件:

(1)整个容器无任何裂缝和破漏;

(2)焊接金属熔化深度应小于壁厚的三分之一;

(3)容器所有管道进出口均应使用 5～10 mm 钢质盲板,并加 2 mm 以上耐油橡胶盲垫一起堵死,无泄漏;

(4)施工单位负责人组织采取容器内部充水(其液面应到容器顶部,不应有间隙)或采取充惰性气体如氮气、二氧化碳气体等使容器内含氧量在 4% 以下。

油气管线动火作业应作如下处理:

(1)施工单位负责人组织清洗管线内的油污和残存的可燃气体,然后进行强制通风达到可燃气体含量小于爆炸极限下限的 20%,动火作业完成后方可停止通风;

(2)对动火部位的管线进行清洗和通风处理,无法清洗的可用惰性气体或液体置换,但必须进行封堵。

3.5 作业收尾

动火作业完工后,应消除各种火种,切断与动火作业有关的电源、气源等,合理处置各类废弃物,按作业计划恢复有关设施或设备的正常运行。动火监护人员应对现场进行检查,确认上述要求均得到满足后,方可撤离。

4 相关文件

4.1 HSE/P10-2004 废弃物管理控制程序(略)

4.2 HSE/WA-013 工作许可(略)

4.3 HSE/WA-028 压缩气体和工业气瓶的安全管理(略)

5 记录

(略)

附录三　中海石油(中国)有限公司 天津分公司健康安全环境管理体系

1　目的和范围

为了使天津分公司所辖区域内各类作业人员充分了解作业过程中的 HSE 风险以及防范措施,并对作业实施有效控制,特制定本规定。

本规定适用于天津分公司所辖区域内需要开具工作许可证方可进行的作业。

2　职责

2.1　作业许可证审批权限划分

2.1.1　在生产设施上:

(1)总监是热工作业许可证、进入限制空间作业许可证的签发人;

(2)由总监指定相关监督作为冷工作业许可证的签发人,原则上工艺系统的由生产监督担任签发人,机电仪系统的由维修监督担任签发人,FPSO 的外输系统日常作业由外输监督担任签发人;

(3)在中心平台进行的修井、钻完井、测试等作业,油田总监可以授权作业监督作为其作业管辖范围内的冷工作业许可证的签发人;

(4)非中心平台的许可证签发人由总监进行授权指定;

(5)生产监督是所有许可证的确认人,非中心平台经油田总监授权的签发人负责作为其审批权限范围内作业许可证的确认人。

2.1.2　对于非中心平台,经授权的签发人的审批权限仅限下列范围:

热工作业许可证:在危险区及安全区进行的一般性热工作业、在内部介质不含有可燃气体的管线本体上面的一般性热工作业以及在危险区进行的可能产生火源的低压(400 V 及以下)电气维修作业;

进入限制空间作业许可证:进入内部不含有可燃气体和有毒有害气体的密闭和半密闭空间的作业;

冷工作业许可证不包括:高压水冲洗、潜水作业、涉及放射性及有毒有害作业、化学清洗作业、高压电气维修作业。

2.1.3 在钻井平台对于与钻井、钻完井、测试作业有直接关系的作业,或在海上工程建造平台调试期间,其作业许可证应由天津分公司甲方代表或项目负责人作为许可证的签发人,上述作业以外的需要作业许可的作业应经天津分公司甲方代表确认后实施。

2.2 签发人的职责

2.2.1 负责在所辖工作场所管理工作许可制度。

2.2.2 对许可证作业方案和安全环保措施及合同进行核查。

2.2.3 负责对承包商人员进行资格核查。

2.2.4 负责指定一名现场监督具体管理该项作业。

2.2.5 应取得人力资源部组织的动火监护员和进入限制空间的培训证书(指热工和进入限制空间的作业签发人)。

2.3 现场监督的职责

现场监督一般由签发人指定,目的是为了监督该项工作,包括安全预防措施实施、工作程序等。通常,现场监督应该是设施上三师、班长及以上级别的员工。

2.3.1 审核工作许可申请人的申请。

2.3.2 识别工作的安全预防措施,审查作业申请人提交的作业安全分析表(JSA,见附表1)或作业风险评估表(TRA)等资料。

2.3.3 实施对作业区域的人员和设备进行检查,负责监督许可证上的各项工作要求和安全措施的落实。

2.3.4 负责指定作业监护人(设施员工或承包商人员,可以一名以上)对该作业实施监护,并确认是否需要全程监护或间断监护,同时将相关要求记录到许可证上,并告知监护人。

2.3.5 负责对施工单位的负责人及其作业人员进行必要的安全指导。

2.3.6 把与许可相关的预防措施口头或书面通知作业申请人或受影响的员工。

2.3.7 确定作业是否需要由有资质的人员进行气体监测。

2.3.8 核实作业已经采取了所有必要的安全预防措施并确认作业申请人完成"HSE/WA-201R06作业许可证检查项目表"后向许可申请人发出"开始"作业的指令。

2.3.9 现场监督应根据实际情况对作业现场进行巡视检查,当作业过程出现不安全的条件或情况时,有权终止/暂停工作并收回工作许可。

2.3.10 作业完成或终止后,负责收回工作许可,记录完成或终止的时间和安全状态,并交与许可申请人和确认人签字确认。

2.3.11　对作业现场进行检查以核实在作业结束后该区域是否安全以及作业是否超出一个班次。

2.3.12　向签发人报告作业的安全状态。

2.3.13　作业间断或重返后,如果本次作业的工作许可证仍在有效期内,应对作业现场进行重新评估,在确保作业条件保持安全的情况下给出重新作业的许可。

2.3.14　发现危险情况时,按既定的应急部署指挥应急处理。

2.4　许可申请人的职责

许可申请人可以是设施员工或承包商及其人员,并且必须是作业负责人。

2.4.1　向平台总监(非中心平台为被授权人)提交工作许可申请,按照表格要求在工作许可证上书面说明要执行的作业、作业地点、使用的设备等。

2.4.2　实施现场检查和风险评估,识别和记录要求作业的必要的安全预防措施。

2.4.3　按照安全监督的要求组织施工人员对作业进行 HSE 风险分析,并填写"作业安全分析表(JSA)"或"作业风险评估表(TRA)"。

2.4.4　准备作业现场、工具和设备,确保已经采取所有的必要的安全预防措施并达到现场监督、安全监督和签发人的要求。

2.4.5　根据许可证的要求,向隔离负责人提出隔离申请。

2.4.6　在签发人没有安排甲方监火人的情况下,指定一名本单位经过培训且获得资格证书的监火人并报签发人批准。

2.4.7　把所有的危害及安全预防措施通知现场监督和所有与该工作相关的员工。

2.4.8　为所有参与工作的员工提供必要的培训,以便安全的执行工作和正确的应急反应。

2.4.9　督促、检查、指导其工作人员在作业中严格依照许可证要求作业。

2.4.10　发现异常情况,要求工作人员停止作业。

2.4.11　在作业完成、暂停或终止之后,将工作许可返还给现场监督。

2.5　作业监护人的职责

作业监护人由现场监督根据作业风险及复杂程度指定设施员工或承包商员工担任作业的监护人(必要时由总监直接指定),并由现场监督明确监护要求,作业监护人可以一名以上。

2.5.1　监护人必须熟悉作业情况并懂得操作和使用灭火器材,熟悉报警系统、熟悉报警器位置并知道如何启动;其中,动火作业和进入限制空间作业监护人必须持有效的监护资格证。

2.5.2 准备应急器材,对作业进行守护和监视。

2.5.3 按照许可证上注明的要求监督健康安全环境措施的落实和检查施工现场的健康安全环境绩效(行为)。

2.5.4 对作业现场周围至少5 m范围内(包括任何隔墙或障碍物的另一边)进行检查。

2.5.5 检查应急物资的准备情况。

2.5.6 及时纠正施工人员不规范行为。

2.5.7 在发现异常情况时要求工作人员停止作业。

2.5.8 提醒进入作业现场的人员注意(如电弧光、打磨、切割、废弃物或高处作业等)存在的风险(影响)。

2.6 作业人员的职责

2.6.1 具有相关人员资格证书和技术素质。

2.6.2 掌握许可证上的内容,懂得使用现场防护和必要的应急设备,掌握安全环保措施。

2.6.3 通知相关人员需要注意的事项或环境情况。

2.6.4 对工作场地进行检查,确保安全的工作环境。

2.6.5 密切注意工作场地的周围情况,如果出现与制定的程序或措施相关的任何不安全的作业条件时,作业人员应准备随时停止作业并向现场监督汇报,同时通报安全监督。

2.6.6 在每天工作完成后,清理工作现场。

2.7 安全监督的职责

2.7.1 为"工作许可证"系统提供支持和技术指导。

2.7.2 根据作业性质和特点,要求作业申请人对作业进行作业安全分析或作业风险评估(JSA或TRA)并填写作业安全分析表或作业风险评估表,安全监督应进行审查。

2.7.3 对相关人员进行工作许可证制度的培训。

2.7.4 根据作业情况实施对动火作业和进入限制空间的气体检测和监护工作(必要时由总监确定)。

2.7.5 负责对作业现场进行检查和核实,确保作业全部落实了已制定的风险控制措施。

2.7.6 当现场发现存在不安全的条件时,有权要求停止/暂停作业。

2.7.7 负责对许可证的日常管理进行检查。

2.7.8　负责保存作业结束后的作业许可证和"HSE/WA-201R06 作业许可证检查项目表"。

2.7.9　负责对工作许可制度的执行情况进行监督,确认所进行的全部工作都符合工作许可证制度的要求。

2.8　生产监督的职责

2.8.1　负责确认所有的作业许可证的工作是否同生产作业有影响并签字。

2.8.2　负责向受影响的操作人员进行提示或教育,并将可能影响作业安全进行的情况告知作业申请人,必要时可记录在作业许可证上。

2.9　中控值班人员的职责

2.9.1　相关作业许可证审批后,作业申请人把其中一份许可证张贴在中控的指定位置上,同时作业申请人要告知中控值班人员;中控值班人员要及时审阅作业许可证的作业类别、作业地点、作业时间,及时掌握相关许可的作业动态。

2.9.2　对于热工作业、进入限制空间作业,在作业开始前,作业申请人必须通过现场广播通知中控值班人员,中控值班人员得到相关作业信息后,通过广播系统及时通报,使设施其他人员能够及时得知相关的作业信息。

2.9.3　中控值班人员要密切监控中控各类仪表的显示状态,一旦出现现场生产异常,影响某一区域作业时,有权要求停止/暂停作业并通知有关监督或安全监督。

2.9.4　热工作业、进入限制空间作业结束后,作业申请人必须及时通知中控值班人员,中控值班人员通过广播系统及时进行通报。

2.9.5　中控值班人员不仅要随时监控整个生产设施的工艺流程、设备运行状况,还应及时掌握整个生产设施现场相关作业的动态,起到协调、警示、调度的作用。

3　工作内容

3.1　工作许可证的类型及其适用范围

天津分公司现场工作许可证有以下几种:

(1)热工作业许可证(HSE/WA-201R01);

(2)冷工作业许可证(HSE/WA-201R02);

(3)进入限制空间作业许可证(HSE/WA-201R03);

(4)信号旁通许可证(参见"HSE/WA-202　信号旁通管理")。

3.2　许可证的适用范围

3.2.1　热工作业许可证的适用范围

该许可证适用范围包括使用热或产生热的工作(如焊接、气割、打磨、拍摄等)以及可能产生火花的工作(包括电气维修作业)或其他有点火源的工作。

3.2.2　冷工作业许可证的适用范围

以下作业必须办理冷工作业许可证：

(1)高空(包括悬空高处)作业和舷外作业；

(2)需要采取安全措施的隔离与锁定作业；

(3)试压作业；

(4)高压冲洗作业；

(5)潜水作业；

(6)涉及放射性及有毒有害作业；

(7)化学清洗作业；

(8)封闭管线或罐的开启或拆解；

(9)油漆作业；

(10)脚手架装设和分解；

(11)电气维修作业(不包括在危险区域可能产生火花的电气维修作业)；

(12)任何一种非常规危险作业或任何一种需要专门的控制手段以确保安全的作业。

3.2.3　进入限制空间许可证的适用范围

该许可证适用范围包括人员需要进入有毒或易燃气体、烟雾或蒸气已达到危险程度或空气中氧气含量过低或过多的罐、容器及某些空间内进行工作的作业。如进入油舱、油罐(柜)、各种塔类、沉箱、长距离输油(气)管道、暗沟下水道、化学药剂罐等空间进行作业。

3.3　作业许可证的申请和审批

3.3.1　作业签发人或作业申请人应组织必要的作业前安全会议,向有关人员传达作业内容和安全预防措施等。

3.3.2　作业负责人必须明确该作业所需许可证种类,并由总监明确许可证签发人。

3.3.3　凡需要许可证的作业,在进行作业前,许可申请人查看现场和环境状况,并在充分了解与许可证作业相关的文件要求后,填写工作许可证。完成后,作业申请人应将委托书、施工方案及图纸、特殊工种证件连同许可证一起交给许可证签发人。

3.3.4　许可证签发人初步审查后指定一名现场监督并将许可证交与现场监督。

3.3.5　现场监督与安全监督一起审查作业的风险评估和控制措施,并将需要补充的风险和安全措施告知许可申请人。

3.3.6　必要时由安全监督要求作业申请人组织相关人员进行作业安全分析或作业风险评估(JSA 或 TRA),并填写作业安全分析表或作业风险评估表,安全监督负责审查。

3.3.7　许可申请人依据风险评估和控制措施执行现场准备。在许可申请人完成准备后通知现场监督和安全监督对工作区域进行检查,确认是否落实了详细的预防措施。

3.3.8　现场监督根据作业性质和特点指定作业监护人并明确要求,确定后的监护人应在许可证上签字。

3.3.9　现场监督应按许可证要求通知作业监护人,明确检测要求(参见"HSE/WA-213 进入限制空间作业管理")并做好准备,所有检测结果应记录在"HSE/WA-201R05 气体检测记录表"上。

3.3.10　若许可证有隔离要求的,由现场监督通知许可申请人按照"HSE/WA-203 隔离与锁定管理"和"HSE/WA-202 信号旁通管理"的规定,落实机械、电气、工艺隔离或信号旁通许可工作。

3.3.11　现场监督在确保现场已采取了所有安全预防措施并将所有安全要求传达给了许可申请人后在作业许可证上签字,并将许可证交与许可申请人。

3.3.12　许可申请人在确保理解许可证所述安全要求,并承诺按照各项要求安全地进行作业后,在许可证上签名,然后交与安全监督。

3.3.13　安全监督对许可证的内容和作业现场进行审核,确认相应的安全保护措施已经到位后在许可证上签名,再由许可证申请人交与生产监督。

3.3.14　生产监督在确认本次作业的内容和影响,并向设施员工或承包商传达相关要求后在许可证上签字,再由许可申请人将许可证交与签发人。

3.3.15　签发人对许可证的内容和现场进行审核,确认相应的安全保护措施已经到位后签名批准实施该项作业。

3.3.16　现场监督确认作业申请人完成"HSE/WA-201R06 作业许可证检查项目表"后准予作业开始。

3.3.17　如果作业不准备马上开始,批准的许可证应暂存在中控室的固定位置。

3.3.18　现场监督应监督工作实施以确保预防措施和控制被应用。

3.3.19　一旦作业完成,许可申请人应确保现场被及时清理,许可证经现场监督和生产监督签字后作业方可结束。

3.3.20　如果许可证到期但作业没有完成,则由许可申请人提出延长申请,现场监督和安全监督负责对现场状况进行确认,确认后的许可证经安全监督、生产监督和签发人签字批准后作业可以予以延长,但最长不得超过 6 个小时。

3.3.21 如果工作完成,现场监督负责要求作业申请人清理现场,恢复安全状况,并通知有关人员撤除隔离,使设备恢复作业状态。

3.3.22 安全监督负责完成许可证和"作业许可证检查项目表"的归档。

3.3.23 当一项作业同时涉及多种许可作业时,应同时申请多个作业许可证。

3.3.24 现场监督在许可作业的开始和终止时,应通知中控并由中控值班人员填写"HSE/WA-201R04 许可证作业登记表"。

3.3.25 若工作地点太远或因故更换新许可证不能在工作前及时将许可证送到,许可证签发人可将许可证传真至现场监督。

3.4 签发许可证的要求

3.4.1 许可证必须在作业开始之前签发。

3.4.2 许可证有效期为 12 小时,特殊情况需延长的不得超过 6 小时。否则必须重新签发许可证。

3.4.3 许可证签发后超过 2 小时没有开始作业,则必须为该作业重新申请许可证。

3.4.4 如果下述情况之一出现,已签发的许可证将失效:

危险条件(包括气候以及环境等对作业产生危险的条件)进一步恶化,许可证的措施无法有效控制时;

许可证上的人员发生变化时;

应急警报拉响,必须从该区域撤离;

作业已经完成。

3.5 张贴许可证的要求

3.5.1 作业开始之前,许可申请人必须现场携带许可证的原件(白色),并告知现场相关作业人员,必要时,应附上作业安全分析表或作业风险评估表(JSA 或 TRA)。

3.5.2 在有效期内的许可证复印件(黄色)必须张贴在中控室的固定位置。

3.6 工作暂停后延续作业的要求

3.6.1 工作暂停后重新开始许可作业之前必须遵守下述程序:

许可申请人必须:

——对作业区域进行重新检查和测试,确认是否有新的危害并确保所有新的危害已经被控制;

——通知现场监督条件变化和新危害的有关情况。

现场监督必须：

——核实新危害已经采取了必要的安全预防措施；

——在作业暂停恢复作业之前，将检查和测试结果记录在许可证上并与许可申请人在工作许可证上签名。

3.6.2 工作间断超过2小时必须重新办理作业许可证。

3.7 许可证终止的要求

如果在作业中危险状态进一步发展，使工作许可的建立条件发生严重变化时，应按照下述要求处理：

——所有作业必须立即停止；

——所有作业区域必须被保护和确保安全，所有限制空间进入人员必须撤离；

——许可申请人必须把许可证返还给现场监督，并把有关情况通知现场监督/签发人；

3.8 许可证结束的要求

3.8.1 当作业完成或终止时，许可证必须结束。

3.8.2 许可申请人应该在许可证上记录作业完成的时间，并把作业状态和作业区域的安全情况通知现场监督。

3.8.3 作业完成后现场监督要检查作业区域的安全状况。

3.8.4 在作业完成以及作业区域的安全条件已经恢复正常之后，许可申请人、现场监督、生产监督必须在许可证（白色）上签字以结束该工作许可。

3.9 记录保持要求

作业结束后，由安全监督保留白色许可证，其余两份许可证全部销毁，所有的许可证记录应至少在设施上保存1年。

3.10 作业风险评估管理

方法可采用"HSE/WA-204 作业风险评估管理"中介绍的JSA或TRA。填写完的"作业安全分析表（JSA）"或"作业风险评估表（TRA）"可附在工作许可证上。

3.11 传达许可要求和安全预防措施

在工作许可证被签发和作业开始之前，必须在签发人、生产监督、现场监督、安全监督、作业人员、受影响的员工等之间就许可要求及预防措施进行沟通。

所有作业的人员都必须知道作业的内容和范围。计划执行作业的范围和潜在危害必须在作业前安全会议上详细讨论,或给予简单指令。

作业历时超过一个班次时,必须在重新签发时重复许可的相关要求。通过这种方法对继续工作的人强调许可要求,同时确保新加入工作的人学习到许可的相关要求。

备注:电气维修作业是指(包括但不限于):带电作业和临时用电;在400 V以上高压用电设备、配电系统上进行带电或不带电的作业;在低压配电盘、控制盘、配电箱、电源干线上进行不带电维修作业;安装或更换电缆作业;仪表盘、通信设备上进行检修作业。

4 相关文件

4.1 HSE/WA-202 信号旁通管理(略)

4.2 HSE/WA-203 隔离锁定管理(略)

4.3 HSE/WA-204 作业风险评估管理(略)

4.4 HSE/WA-213 进入限制空间作业管理(略)

4.5 附件1 热工作业许可证签发流程图

4.6 附件2 冷工作业许可证签发流程图

4.7 附件3 进入限制空间作业许可证签发流程图

5 记录

5.1 HSE/WA-201R01 热工作业许可证

5.2 HSE/WA-201R02 冷工作业许可证

5.3 HSE/WA-201R03 进入限制空间许可证

5.4 HSE/WA-201R04 许可证作业登记表

5.5 HSE/WA-201R05 气体检测记录

5.6 HSE/WA-201R06 作业许可证检查项目表

附件 1 热工作业许可证签发流程图

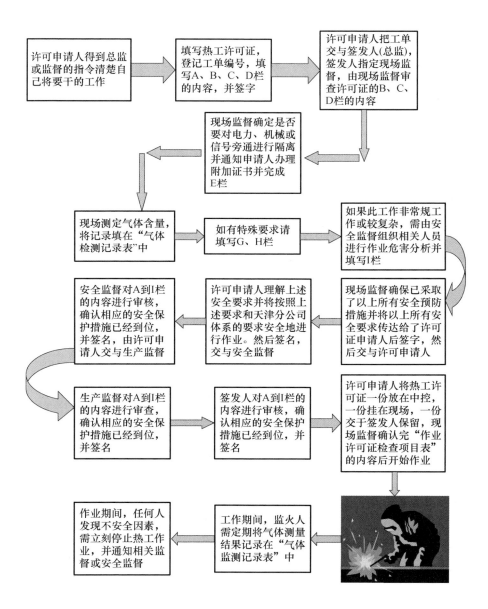

附件 2 冷工作业许可证签发流程图

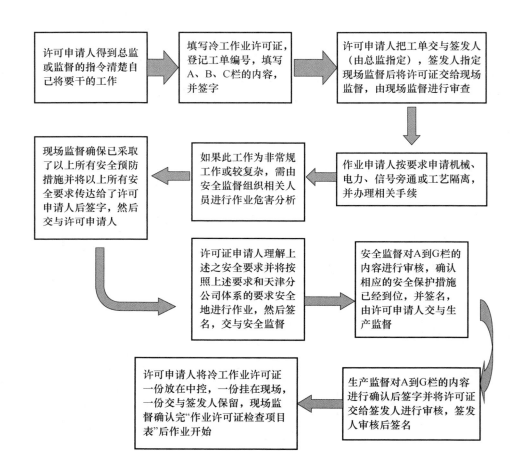

附件3 进入限制空间作业许可证签发流程图

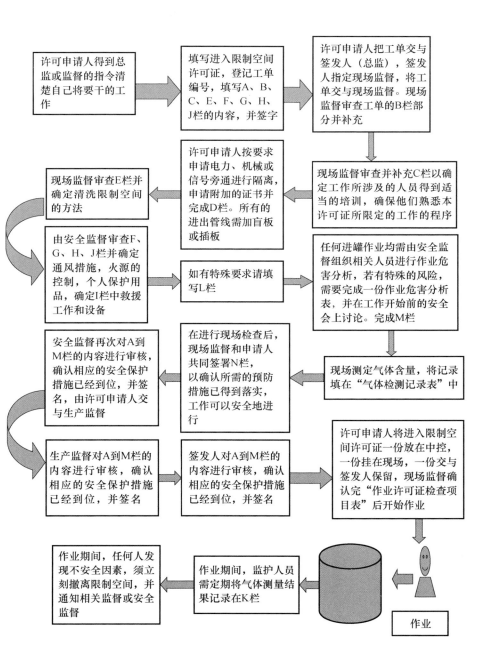

附表 1 作业风险分析表(JSA)

UNIT:BOHAI NO. 7 分析单位:		JOB DESCRIPTION: 任务描述: 动火作业		NO. BH07-029 编号:
WORK POSITION: 工作位置:			DATE/DURATION: 工作日期/时间段:	
PERSONS ANALYZED JOB: 参加分析的人员:				AREA APPROVAL: 权威认可:
SEQUENCE OF BASIC JOB STEP 基本工作步骤	POTENTIAL ACCIDENTS OR HAZARDS 潜在的危险	CONTROL MEASURES 风险控制措施		PERSON IN CHARGE 实施负责人
1. 工作前须取得《工作许可证》	平台可能存在可燃气体,引起火灾或爆炸	《工作许可证》必须有有关人员的签名,以确认能否作业		
2. 操作人员必须取得焊工操作证书	无证操作,引起事故	确保证书有效		
3. 工作前工作负责人对工作人员进行工作交底	对设备和环境造成损坏	热工作业人员应接受作业前的安全教育,熟悉作业内容、作业程序、操作规程和动火安全规定,懂得如何使用现场各种防护设施、用具和消防器材		

续表

SEQUENCE OF BASIC JOB STEP 基本工作步骤	POTENTIAL ACCIDENTS OR HAZARDS 潜在的危险	CONTROL MEASURES 风险控制措施	PERSON IN CHARGE 实施负责人
4. 工作前焊工必须了解工作区域的环境	引起火灾,人员高空坠落和落物伤人	清除明火部位及附近区域的易燃易爆物品,对附近的油气管线、容器、电缆、精密电器设备采取有效的隔离和保护;避开油舱及其排气口附近,避开电缆集中区域,高空作业戴好安全带;在工作区域进行围栏标识	
5. 看火	看火现场未准备充足造成应急能力下降导致失控;动火时,引起隔壁着火	施工现场准备足够必要的消防用具和通信设备;操作员在动焊时,必须了解周围的环境。看护人必须到位	
6. 管线的检查	乙炔和氧气胶管短于10 m或泄漏或者与油脂接触易爆炸,氧气、乙炔管线漏气引起火灾	定期检查保证正常	
7. 检查电焊机及电焊把线	电焊把线和接头漏电,造成人员触电	对焊接工具进行检查,保证其完好	
8. 准备拉切割工具和焊接工作	电焊把线、气割线被其他物品砸破,短路火花引燃气管,氧气乙炔瓶压力过高导致平头阀损坏,泄漏气体爆炸	电焊把线和气割线分开一定距离,使用前检查完整性	

SEQUENCE OF BASIC JOB STEP 基本工作步骤	POTENTIAL ACCIDENTS OR HAZARDS 潜在的危险	CONTROL MEASURES 风险控制措施	PERSON IN CHARGE 实施负责人
9. 做好消防准备	热工作业引起的明火或高温可能引起火灾或爆炸	作业时派人观察,看护人事先准备好消防器材	
10. 作业对象	油舱、油罐、油桶及其他易燃易爆和化学容器的焊接易爆炸; 焊接压力容器或管线表面焊接之前未完全卸压,易造成人员伤害; 切割或焊接青铜、黄铜、镀锌铁板、隔板或其他合金产生的有害气体,易导致人员中毒	事前必须清洗、通风,测试合格再动火。 作业前检查确保完全卸压。 保证有良好的通风	
11. 劳动保护	割焊产生的熔珠和火星易灼伤皮肤。 电气焊产生的电弧光易伤眼睛	佩戴防护手套。 佩戴防护面具	
12. 可燃气体含量检测	易燃气体浓度高于爆炸下限易引起燃烧爆炸	动火以前进行可燃气体含量检测	
13. 电气焊作业	电流或火焰温度过高,损坏其他零部件;枪口被堵,造成回火;周围作业人员被电焊打眼	电气焊工根据实际情况掌握电流大小和火焰温度;电气焊工规范操作,氧气乙炔瓶安装回火装置;在动气焊时通知周围作业人员避开	
14. 完工检查	作业结束后现场火种未消除,与作业有关的电源或气源未断掉,易引起失火	完成作业后必须严格检查,确认无火种存在,关闭气瓶阀门方可撤离	

第二篇

受限空间作业

第一章　受限空间作业概述

随着社会对能源需求越来越大,各能源企业都在加大开发力度。同时,企业的发展越来越受到自身和外在空间的限制,致使许多作业需在受限空间进行。由于受限空间作业与正常作业存在许多不同要求,如何避免由于在受限空间作业而产生的危险,是各企业发展过程中需要解决的重大安全问题之一。

海洋石油受限空间作业属于高风险作业,涉及的作业环境复杂,危险有害因素多,容易发生安全事故,造成严重后果,而且施救难度大,盲目施救或救援方法不当,又容易造成伤亡扩大。

本教材主要通过阐述海洋石油受限空间作业风险特征及危险辨识分析,围绕受限空间作业流程介绍各阶段的控制措施和安全作业要求,使员工明确进入受限空间作业安全要求与指南,防止作业过程中发生火灾爆炸、人员窒息、中毒等伤亡事故,提高作业人员进入受限空间时的安全意识,确保作业人员的健康安全。

第一节　受限空间作业基础知识

一、受限空间作业定义

存在有毒或易燃气体、烟雾或蒸气达到危险程度,含氧量过低或过高,人员出入口受到限制的各类空间,称为受限空间,也称有限空间或限制空间。

1. 符合以下条件的作业空间也属于受限空间:

(1)深度超过 1.2 m 的土方作业。

(2)任何足够大到能够容许身体进入的容器或圈闭空间,而且具有下列一个或多个特征:

①进口和出口有限或者受到限制;

②含有或可能含有有害气体;

③不宜人员持续停留；

④自然通风不足；

⑤有已知的或潜在的危害存在。

例如：

①工厂的各种设备内部(炉、塔、罐、舱、池、管道、烟道)、油罐车等；

②生产处理容器、加热炉；

③城市(包括工厂)的隧道、下水道、沟、坑、井、池、涵洞、阀门间、污水处理设施等封闭、半封闭的设施及场所；

④地窖、管线、坑、深度超过1.2 m(约4英尺)的挖掘场所；农村储存红薯、土豆、各种蔬菜的井、窖等，通风不良的场所也应视同受限空间；

⑤空气中可能存在有毒、腐蚀性、易燃、缺氧(含氧量低于19.5%)或富氧(含氧量高于23.5%)情况的其他区域；

⑥受限空间的顶部如果没有符合规范的走道，或有其他理由认为有危险的空间也作为受限空间。

2. 海洋石油常见的受限空间包括但不限于以下各种：

(1)油气水三相分离器；

(2)化学药剂罐；

(3)污油罐；

(4)燃料罐；

(5)浮式装置中的油舱、压载舱；

(6)各种沉箱；

(7)长输管线。

二、海洋石油作业设施受限空间种类

(1)有毒空间：存在有毒物质的舱室、容器等各类空间。

(2)易燃空间：存在可燃物质的舱室、容器等各类空间。

(3)贫氧空间：氧气含量低于19.5%的舱室、容器等各类空间。

(4)富氧空间：氧气含量高于23.5%的舱室、容器等各类空间。

第二节　受限空间作业监督管理

一、受限空间作业监督重点

1. 作业许可证内容、作业时间和应急计划

2. 空间状态

(1)熟悉舱内结构。

(2)了解空间气体状态及变化情况。

(3)检查与空间连接的管线是否封隔与锁固。

(4)检查静电的控制情况。

3. 作业工具、用具

(1)作业工具、用具是否符合安全要求。

(2)照明用具是否满足安全条件。

(3)人员防护用品是否齐全并符合安全要求。

(4)联络手段及用具是否齐全。

(5)救护用具是否完备。

(6)作业后工具清理与检查。

4. 场地管理

(1)安全标志。

(2)场地隔离。

(3)危害物质清理。

(4)气象情况。

(5)周边作业情况。

二、监护人的职责和权力

(1)当有人员进入受限空间时,必须自始至终在受限空间入口处守护和监视内部情况。

(2)负责明确与进入受限空间的人员的联络信号。

(3)检查进入受限空间的设备的准备情况和可靠性,负责清点进入受限空间的人员、设备和工具等的数目。

(4)提醒进入受限空间的人员注意受限空间内存在的危险因素,如危险结构、有毒物质等情况,以及相关的安全措施。

(5)在发现有未预料的危险情况出现时,应指令内部人员停止作业并撤出受限空间。

(6)人员从受限空间出来后,负责清点人员、设备和工具。

(7)随时向设施管理人员报告施工情况。

第二章 受限空间作业安全技术

第一节 受限空间危险因素分析

一、受限空间内作业存在的危险因素

海洋石油作业设施上受限空间内存在气体种类复杂、空间结构复杂和空间内能见度差等危险因素,这些因素极易造成火灾、人员中毒、跌落、跌伤等事故,这些因素具体表现如下。

1. 空间内气体复杂

海洋石油设施上的受限空间内,有可能存在海洋石油开采过程中出现各种气体,这些气体包括毒性气体、可燃气体和其他有害气体。

(1)毒性气体——包括石油挥发气体和随着石油开采中出现的苯、硫化氢等物质,化学洗舱后残留的洗涤剂残液也含有极大毒性。这些有毒物质通过呼吸、皮肤接触等方式进入人体内,可造成眼部和呼吸道刺激、窒息和身体组织中毒。

引起人体组织处于缺氧状态的过程称为窒息,可导致人体产生窒息的气体称为窒息性气体。窒息性气体一般分为两大类,每类都有几十种。

①单纯窒息性气体。如氮气、二氧化碳、甲烷、乙烷、水蒸气等,这类气体的本身毒性很小或无毒,但因它们在空气中含量高,使氧的相对含量大大降低,吸入这类气体会造成作业人员动脉血氧分压下降,导致机体缺氧而窒息。

②化学性窒息性气体。如一氧化碳、氰化钾、硫化氢等气体,能使氧在人的机体内运送和机体组织利用氧的功能发生障碍,造成全身组织缺氧,大脑对缺氧最为敏感,所以窒息性气体中毒首先主要表现为中枢神经系统缺氧的一系列症状,如头晕、头痛、烦躁不安、定向力障碍、呕吐、嗜睡、昏迷、抽搐等。

(2)可燃气体——浓度达到爆炸极限内,可导致爆炸和燃烧。

（3）氧气——受限空间内氧气含量极不均匀,氧气含量低于19.5％或高于23.5％都会构成威胁。

2. 空间结构复杂

海洋石油设施上的受限空间内部结构比较复杂,小型空间内部狭小,不便于人员作业。大型空间内部有筋板、工艺管线、残液、杂物等物体,对人员作业、行走和通风影响较大。

3. 空间内能见度差

受限空间内能见度差,人员在空间内作业极为不便,许多舱、罐体内部存在易燃易爆物质,对照明器具要求很高,在作业过程中必须保证安全性。

4. 气体交换能力差

大多受限空间气体交换能力差,空间内有害气体不便于排除和置换,并且空间内气体分布不均匀。为此,在作业时必须保证足够通风时间,进行气体检测时,检测点必须考虑不同位置进行多点检测。

5. 通风与照明不良

6. 空间小,不利于监护

7. 作业人员体力消耗大

8. 残留物危险

9. 可能面临的其他危险

二、受限空间内作业易造成的危害

受限空间作业危险因素很多,并且许多因素随着作业状况发生关联变化,作为受限空间作业监督人员,必须掌握识别受限空间危险因素的方法,在作业前对各种危险因素进行分析,以此制定出安全、可行的作业程序,保证作业安全。

由于海上石油设施中的受限空间种类较多,并且由于空间用途不同、作业状态不同,存在的危险因素也不同,进行危险因素分析时具体可从以下角度考虑。

（一）中毒危害

1. 石油气体

石油气体在不存在苯和硫化氢的情况下导致人员中毒的临界值(TLV)为300 ppm[①],相当于可燃下限(LFL)的2％,随着浓度的增加,人员受伤害的程度和速度将发生变化。石油气体中毒后人体的反应如表 2-2-1 所示。

[①]　1 ppm＝10^{-6}。

表 2-2-1 石油气体中毒后人体的反应

浓度（按体积比）	人体反应
0.1%（1000 ppm）	1 小时后眼睛疼痛
0.2%（2000 ppm）	0.5 小时内眼、鼻、咽喉感到刺痛，头晕目眩，心绪不安
0.7%（7000 ppm）	15 分钟内发生醉酒症状
1.0%（10000 ppm）	酒醉症状急剧发作，随后昏迷，死亡
2.0%（20000 ppm）	立即瘫痪，死亡

2. 硫化氢

硫化氢的中毒临界值为 10 ppm，超过此临界值浓度的气体对人体产生的反应如表 2-2-2 所示。

表 2-2-2 硫化氢中毒后人体的反应

浓度（ppm）	中毒反应
50～100	接触 1 小时后眼睛和呼吸系统发炎
200～300	接触 1 小时后眼睛处有明显印记，呼吸系统发炎
500～700	接触 15 分钟后，会发生头晕目眩、头痛、恶心的症状，接触 30～60 分钟后可导致昏迷甚至死亡
700～900	接触 5 分钟即会昏厥、死亡
1000～2000	即刻倒下，停止呼吸

3. 苯和其他芳香烃

芳香烃包括苯、甲苯和二甲苯，芳香烃的中毒临界值一般小于其他石油烃类物质的中毒临界值，尤其是苯，其中毒临界值为 10 ppm。吸入较高浓度苯气的人员临床表现为血液和骨髓发生病变。

4. 惰性气体中有毒气体

向储油装置中充加惰性气体是防火防爆的有效手段，但在惰性气体中含有大量的有害物质，一旦被人体吸入将会造成严重危害，其有害物质包括：

(1)氧化氮:一氧化氮为无色气体,中毒临界值为 25 ppm;二氧化氮的中毒临界值为 3 ppm。

(2)二氧化硫:在惰性气体中二氧化硫的含量为 2~50 ppm,二氧化硫对人的眼睛、鼻、喉等器官有刺激作用,使人感到呼吸困难。

(3)一氧化碳:当燃烧不完全和燃烧缓慢时会产生 200 ppm 以上的一氧化碳,一氧化碳无色无味,中毒临界值为 50 ppm,其中毒机理为阻止血液吸收氧气,引起化学性窒息。

5. 贫氧

空气中的含氧量为 20.9%,当海上作业过程中一些环境内的氧气含量低于 19.5% 时属于贫氧状态,会对作业人员造成危害。氧气含量不足时人体的反应如表 2-2-3 所示。

表 2-2-3 氧气含量不足时人体的反应

氧气含量(%)	生理反应
19.5~16	没有明显反应
16~12	呼吸频率加快,心跳加快,思考力和注意力下降,动作协调性下降
14~10	判断力低下; 肌肉协调性差,肌肉用力导致快速疲劳,间歇性呼吸
10~6	恶心、反胃、呕吐; 没有能力做剧烈运动或失去运动能力; 意识不清,30 分钟出现死亡

6. 富氧

富氧是指在空气中含氧量大于 23.5% 的状态。

海上设施出现氧气漏泄的区域会造成富氧现象。在富氧状态下,许多物质的燃点和自燃点会降低,在常规下不会燃烧的物质会引起火灾,在海上作业过程中应当对氧气存放区进行检查,对富氧状态进行控制。

分析手段:对于有毒、有害气体,采取气体检测、浓度对比的手段对危险因素进行评估。

（二）火灾危害

爆炸是物质在瞬间以机械功的形式释放出大量气体和能量的现象，压力的瞬时急剧升高是爆炸的主要特征。爆炸事故具有很大的破坏作用。爆炸的冲击波容易造成重大伤亡，同时，受限空间发生爆炸、火灾，往往瞬间或很快耗尽受限空间的氧气，并产生大量的有毒有害气体，造成严重后果。如瓦斯爆炸事故中相当部分人员为一氧化碳中毒死亡，不仅仅是爆炸冲击波造成死亡。

可燃气体的泄漏、可燃液体的挥发和可燃固体产生的粉尘等和空气混合后，遇到电弧、电火花、电热、设备漏电、静电、闪电等点火能源后，高于爆炸上限时会引起火灾；在受限空间内可燃气体容易积聚达到爆炸极限，遇到点火源则造成爆炸，造成对受限空间内作业人员及附近人员的严重伤害。受限空间存在可燃气体、液体或可燃固体的粉尘超标，如果 LEL 读数大于 0，作业前没有对受限空间进行清洗或置换，未采用防爆工具及照明设备等防护措施，可能引起火灾或爆炸，对作业人员造成伤害。

海上设施的受限空间内，由于作业状态不同、空间内留存的物质不同，在许多空间内存在易燃气体，进行危险分析时，从以下角度考虑。

1. 是否存在可燃气体

进入受限空间作业前，应对空间内是否存在可燃气体进行分析。一旦空间内可燃气体含量达到爆炸极限，遇到微小的火源将会导致爆炸。为保证作业安全，进入受限空间作业之前，应对空间进行除气，使可燃气体浓度不超过爆炸下限的 1%。

2. 是否存在火源

进入受限空间作业前，应对空间内可能存在的能够导致火灾的因素进行分析，对于未经除气的空间一旦出现明火、高温、静电、电器火花都会导致爆炸和燃烧。为避免引燃可燃气体，所有电器设备、照明用具、通信设备应当满足安全要求。

注：除气是指将新鲜空气通入受限空间内，把原有易燃、有毒或惰性气体含量降低到较低水平，达到安全作业条件。

（三）作业伤害

受限空间内作业种类较多，并且作业环境恶劣，人员有可能出现坠落、触电、接触高温或低温、锋利物体刺割、重物下落、跌倒等伤害。为保证作业安全，应从以下方面考虑危险因素。

（1）人员站立位置是否牢固、平稳。许多受限空间内出于满足强度和工艺的要求，存在肋板和管线，对人员站立、行走造成影响。

（2）人员作业高度是否达到 2 m 以上。超过 2 m 属于高处作业，应佩戴跌落保护用具。

（3）作业人员上方是否有其他作业。如果存在这种情况，一旦上方有物体坠落，将对下部作业人员造成伤害。为此，受限空间内作业禁止立体式施工、作业。

（4）电器设备是否存在导线破损、腐蚀现象。

（5）是否存在过热或过冷物质。如果存在此类物质应当进行相应保护和处理。

三、静电危害与控制

在海上开采石油过程中，石油由于摩擦、碰撞等因素会导致电荷分离，当电荷积蓄到足够能量时，会发生静电放电现象。静电放电会引起石油气体爆炸，导致严重火灾。为此，静电现象称之为"静电不安全因素"。在海洋石油作业过程中，由于受限空间内存在着可燃气体，一旦可燃气体浓度达到爆炸极限，静电将会导致严重事故。为此，必须了解静电的产生过程和危害形式，以便在作业过程中对静电产生的各个环节加以控制，防止各种事故的发生。

（一）静电危险性原理

静电潜在的危险性是通过电荷分离、电荷积蓄和静电放电形成的，这三个阶段称之为静电危害三要素。

1. 电荷分离

当两种不同物质互相接触和摩擦时，会在其界面发生电荷分离现象，在界面处一种物质移动到另一种物质中，这样两种不同物质分别变为带有正电荷和负电荷的物质，一旦在作业中由于两种液体流过管道或致密的滤器、在固体表面上泼溅或搅动某种液体等原因造成异性电荷之间距离加大，就会加大两种物质之间的电位差，在两者邻近空间形成一种电压分布，这就是电场。如油舱中带有电荷的石油，其电荷所产生的静电场会波及整个油舱，穿透油层并达到舱顶空当的任何空间。

在静电场内出现一个不带电的导体，这个导体就会具有与其所在位置几乎相同的电压，影响周围的电场出现导体内部电荷转移，一种性质的电荷被吸引到导体的一端，同等数量的相反性质的电荷被留在另一端，以这种方式分开的电荷叫感应电荷。只要有电场存在就会把电荷分开，被拉开的电荷就能够放电。

2. 电荷积蓄

异性电荷被分开以后,就有重新结合和互相中和的趋势,这种过程就是所谓的电荷缓和。如果物质两端带有不同的电荷,其中一端或两端是不良导体,则异性电荷的重新结合就会受到抑制,这种物质就会保留或储集电荷。

电荷储集的时期是由物质上电荷缓和时间来体现的,这与物质本身的导电性有关,导电性越低,电荷缓和时间就越长。假如某种物质具有相当高的导电性,则异性电荷的重新结合就会非常迅速,甚至使电荷分离根本无法发生,这种物质只能储集微不足道的电荷,或根本不能储集电荷。这种具有高导电性能的物质,只有用一种不良导体绝缘起来后才能留住或储集电荷,而其电荷损失率则由这种不良导体本身的电荷缓和时间来决定。因此,影响电荷缓和的重要因素就是电荷已被分离的物质导电性和该物质电荷分离后可能介入其间的其他附加物质的导电性。

3. 电荷放电

两点之间能引起放电,其击穿能力取决于两点之间的静电电场强度。电场强度或称电压梯度,大体上可用两点之间的电压差除以其间距离来表示。大约 3×10^5 V/m 的电场强度就足以在空气或石油气中发生电击穿现象。

在紧靠突出物附近区的电场强度,要比其附近的总体电场强度大,因此,放电现象一般都发生在紧靠突出物的部位。有时只在突出物与其靠近的空间之间发生放电现象,而不触及其他物体。这种单极放电现象,在任何时候都会在受限空间作业中发生。两个相邻电极之间的放电现象,可能发生在以下几种不同的物质之间:

(1)往油舱内吊放取样器具与带电石油液体之间;

(2)浮在带电液体表面未曾接地的物体与附近的空间结构之间;

(3)悬在油舱半空的未接地设备与附近的油舱结构之间。

具备了以下条件时,两极放电就会引起起火:

(1)在存在电压差的情况下,放电间隙已小到能发生放电的程度,但还没有小到使放电无法起火的程度;

(2)所产生的电能充足,能提供燃烧所需的起码能量;

(3)两极之间几乎是瞬间释放电能。

上述最后一个条件是否具备,很大程度上取决于相应两个电极的导电性。为了说明这一问题,有必要将各种固体和液体按导电性能划分成三类进行探讨。

第一类是导体。这类固体包括各种金属。这类液体包括海水在内的各种含水溶液。人体大约含有 60％ 的水分,实际上人体也是一种液态导体,导体的重要特点不仅在于其无法在未经绝缘的条件下保留住电荷,也在于即使绝缘后留住了电荷,也会在放电条件成熟时,将所有形成的电荷以瞬间放电的方式释放一空。

两导体之间的放电,总是以电火花的形式出现的。它比导体与非导体之间的放电更强,更具有潜在的危险性。在导体与非导体之间的放电常以安全分散的放射形式出现,也就是所谓电晕放电或电刷放电,而不是火花放电。

第二类是非导体,其导电性十分差。它一旦获得电荷,可保留很长一段时间。这种非导体可作为导体的绝缘物质,以防止导体失去电荷。带电的非导体有相当大的利害关系,因为这种非导体能将电荷转移到或感应到邻近的被绝缘的导体上,从而引起电火花。带有极多的电荷的非导体本身也可能直接放出电火花。导电率小于 100 pS/m,相应的缓和时间大于 0.2 s 的液体,被划定为非导体,这就是众所周知的静电储集体。对石油来说,洁净油类一般都属于此类。所谓的防静电添加剂,是故意加入石油蒸馏物中使其电导率提高到 100 pS/m 以上的一种物质。

聚丙烯、聚氯乙烯、PVC、尼龙和各种类型的橡胶等固态非导体,都是具有高度绝缘性能的物质。这些物质在表面受到污染和潮湿的影响时,就会变得易于导电。

第三类是导电性介于第一类和第二类物质之间的固体和液体,电导率超过 100 pS/m 的液体,一般被视作是非静电储集体。例如黑油类含有各种残渣和原油类,它们的标准电导率为 10 000～1 000 000 pS/m。某些如酒精之类的液体,也属于非静电储集体。

这种导电性居中的第三类固体,一般包括木材、软木、剑麻和一些自然形成的有机物质。其所以具有导电性,是由于其良好的吸水性。这种物质的表面愈是受污染和潮湿,其导电性就愈强。在有些情况下,彻底的净化和干燥,能将这类物质的电导率降到足以使其划入非导体之类。

导电性居中之类的物质即使未与大地绝缘,它的导电性通常也是能高到足以防止静电荷储集。然而,其导电性一般来说仍低到不会发生强烈火花的程度。

导电性居中之类的物质的放电诱发因素,除了其本身的导电性之外,还有许多其他因素。这就超出了上述简单的分类范围,而有必要在实践中依靠经验来判断其所属范围。

通常情况下,各种气体具有很高的绝缘性能,这对于空气和其他气体中的烟、油、水雾和悬浮颗粒而言,有很重要的意义。在使用洗舱机期间从喷嘴射出的潮湿蒸气会形成带电的雾珠,虽然像水这样的液体可能有很高的导电性,可是雾珠上的电荷缓和作用会受到周围气体绝缘性能的影响。惰气烟道气中的细微颗粒或受压缩的液态二氧化碳排放时形成的细微雾珠,经常都是带电的,这种细微颗粒和雾珠会沉降聚集。如果电场强度较高,就会在构件的突出部位发生电晕放电,从而中和悬浮物上相反性质的电荷。这些均可造成缓慢的电荷缓和现象。

总之,以下各类物质上储集了电荷,就会导致静电放电:经过绝缘化的液态、固态导体,像气雾、射流、空气中悬浮物或在合成纤维绳一端悬空系住的金属物。

对导电性居中的物质来说,静电放电的危险较小,尤其是在遵循现行的安全操作规程的情况下,诱发放电的机会就更少。

(二)静电放电形式

1. 电晕放电

一般发生在电极之间相距较远、带电体或接地体表面突出部分。因为这些尖端的电场强度较强,能将附近空气局部电离,并且伴有"嘶、嘶"的声音和辉光。此种放电能量比较小。

2. 刷形放电

这种类型的放电特点是两极间的气体,因击穿造成放电通路,但不集中在一点,而是有很多分叉,分布在一定的空间范围内。此种放电伴有声光,因为放电不集中,所以在单位空间内释放出的能量也比较小。

3. 火花放电

两电极间的气体被击穿造成通路,这时放电电极有明显的集中点。放电时有短促的爆裂声,发出"啪、啪"的声音,在瞬间能量集中释放掉,因而危险性最大。当两个电极均为导体,相距又较近时,往往会发生这种火花放电。

总之,电晕放电能量最小,危险性也较小;刷形放电具有一定的危险性,有时也能引燃可燃气体;火花放电能量较大,因而危险性最大。绝缘体带有静电时,较易发生刷形放电,也可能发生火花放电。

(三)静电控制

(1)在有可能存在油气的区域必须穿着防静电工作服。

(2)禁止在油舱中形成大量水雾。

(3)在油气区域内,不得脱衣服。

(4)人体在进入油气区域前,应触摸静电释放棒。

四、作业安全分析(JSA)程序

1. 作业安全分析(JSA)基本内容

JSA 是用于评估与作业有关的风险分析方法,内容包括定期对某项工作进行风险评估,然后根据评估结果制定并实施相应的控制措施,以期最大限度地消除或有效地控制风险。JSA 的危害管理过程(HMP)如下:

(1)识别潜在的危害因素并评估其风险;

(2)研究制定控制风险的安全措施,以消除或控制危害;

(3)为防止出现失误,要制定恢复措施。

2. JSA 运行步骤

JSA 工作通常在作业现场进行。对于复杂或规模较大的系统分析,初始的 JSA 可以在办公室进行。JSA 工作主要由熟悉现场作业和设备的、有丰富现场工作经验的人员(最好包括装置设计人员)组成专家小组,进行作业安全分析。JSA 通常包括下列步骤。

(1)做好前期工作

实施 JSA 任务的小组成员负责准备前期工作,将分析任务分解成几个关键的步骤,并将其记录在作业安全分析表中。

(2)成立 JSA 小组

要求 JSA 小组成员有相关的工作经验,包括有熟悉生产流程及设备的操作人员,有负责实施生产作业的技术人员和负责安全的专业人员;在开始前,应该至少对工作现场有一次考察、调研活动。

(3)查找危害

审查每一步分析,确定哪一个环节出现问题并列出相应的危害。JSA 小组使用由专业人员针对具体分析任务而制定的作业风险分析单(表 2-4)。针对每一种危害,评估现有控制措施的有效性。

(4)确定控制措施

对于那些需要采取进一步控制措施的危害,可通过提问"我们还能做些什么以将风险控制在更低的范围",来考虑在分析表内增加进一步的控制措施。表 2-4 提供了控制措施的典型方法,供参考。

(5)填写作业安全分析表

审查完所有分析步骤后,安全监督或专业监督或总监应组织将所有已识别的控制措施在作业安全分析表中列出,包括作业危害、控制要求、在分析期间谁负责实施等。

（6）文件存档

甲方现场管理人员应组织将所有 JSA 文件存档并建立 JSA 数据库，以备将来审查时借鉴和使用。

（7）作业审批

负责该项分析任务的技术主管或生产监督应确保在审批该项作业许可证时，作业安全分析表应和作业许可申请单附在一起。

（8）控制措施的实施

负责该项分析任务的技术主管或生产监督向所有参与分析的人员介绍作业危害、控制措施和限制（通常经过分析前组织的会议），确保所有控制措施都按照 JSA（表 2-2-4）的要求实施。

表 2-2-4　受限空间作业风险分析（JSA）单

UNIT： 分析单位：	JOB DESCRIPTION： 任务描述:进入受限空间作业		NO. BH07-027 编号：
WORK POSITION： 工作位置：		DATE/DURATION： 工作日期/时间段：	
PERSONS ANALYZED JOB： 参加分析的人员：			AREA APPROVAL： 权威认可：
SEQUENCE OF BASIC JOB STEP 基本工作步骤	POTENTIAL ACCIDENTS OR HAZARDS 潜在的危险	CONTROL MEASURES 风险控制措施	PERSON IN CHARGE 实施负责人
1. 申请《工作许可证》	在封闭空间存在的有毒或易燃易爆气体可能对人员造成伤害	作业人员应了解作业内容及安全注意事项	
2. 准备作业所需设备或工具	不合格的设备和工具可能造成人员伤害	对呼吸器、安全带、梯子、通风设备等进行仔细的检查	

续表

SEQUENCE OF BASIC JOB STEP 基本工作步骤	POTENTIAL ACCIDENTS OR HAZARDS 潜在的危险	CONTROL MEASURES 风险控制措施	PERSON IN CHARGE 实施负责人
3. 对作业空间和与之相通的舱室、管道进行隔离和封堵	防止有毒或易燃易爆气体进入作业空间,对人员造成伤害	把所需作业空间隔离起来,如该空间内有电气控制系统,则还须进行断电处理	
4. 清洗、排放作业空间内的有毒或易燃易爆气体	有毒气体可能造成人员伤害,易燃易爆气体可能造成火灾或爆炸	排放后,可用鼓风机置换空气;禁止使用纯氧通风置换	
5. 对封闭空间进行充分的通风	人员缺氧可能引起窒息	可用鼓风机置换空气,禁止使用纯氧通风置换	
6. 对封闭空间的气体进行取样检测	人员缺氧可能引起窒息	对气体浓度进行测定,必要时作业人员可戴上呼吸器	
7. 若进入如管道、容器等限制人员身体自由空间作业	人员被挤压,不易出来	作业人员应系好安全绳,由监护人员牵拉	
8. 如在冷藏库、冷柜、地下舱室等密闭空间作业	通风口或出入口被无意关闭	将库门或舱盖加以固定,必要时挂上警告标志	

续表

SEQUENCE OF BASIC JOB STEP 基本工作步骤	POTENTIAL ACCIDENTS OR HAZARDS 潜在的危险	CONTROL MEASURES 风险控制措施	PERSON IN CHARGE 实施负责人
9. 进入受限空间作业	有毒有害气体对人员的伤害	进行检测通风,未符合安全标准不准进入	
	易燃气体造成火灾与爆炸	严禁进行明火作业,照明装置必须使用防爆器材	
	人员出汗过多脱水晕倒	进入舱内的人员为2人以上,必要时身上系好救生索、规定时间轮换人员进入受限空间	
	人员缺氧	携带呼吸器	
	人员触电危险	做好防护措施,雷雨天气不应进行受限空间作业	
	照明失灵	提前做好检查	
	迷失方向	在情况复杂的空间,必须使用系有营救绳的安全带,营救绳的另一端应拴在空间外的固定物架上	
	摔倒受伤	现场看护人随时与作业人员保持联系,发生意外,立即通知值班人员	

续表

SEQUENCE OF BASIC JOB STEP 基本工作步骤	POTENTIAL ACCIDENTS OR HAZARDS 潜在的危险	CONTROL MEASURES 风险控制措施	PERSON IN CHARGE 实施负责人
10. 作业完成清理场地	垃圾或设备工具留在受限空间内部污染舱内物资或者堵塞相应管道	多次反复检查,确保所有东西被拿出舱外	
11. 关闭舱盖	个别人员被关在舱内,舱盖没上紧密封,脏物或流体进入舱内污染	进舱前需清点人数并记录,出来后清点人数,螺栓对角上到位,最后全部检查确定	
12. 结束工作许可证流程	有可能影响设备的使用或其他作业的进行	在许可证上打勾,通知相关部门	

第二节　进入受限空间作业准备

一、受限空间作业安全条件

(1)作业前必须申请作业许可。

(2)人员进入前必须对舱内结构、气体状态、舱内物质进行分析。

(3)保证气体达到安全状态。

(4)保证作业工具、用具达到安全条件。

(5)与空间相连接的管线必须封隔与锁定。

(6)空间内必须保证照明,照明设备必须满足安全要求。

(7)人员防护用品必须满足作业安全要求。

二、受限空间作业检查表(表2-2-5)

表2-2-5 受限空间作业检查表

序号	检查项目内容	检查记录	备注
1	作业前是否取得了作业许可证		
2	作业前是否进行了 JSA 安全分析		
3	作业前是否对作业人员的身体状况进行了确认		
4	作业前是否设置了安全监护人员和救护人员		
5	作业中是否执行了相应的隔离锁定程序		
6	作业区域是否设置了安全警示标志		
7	受限空间内的作业人员数量是否符合要求		
8	作业中是否佩戴了合适的防护用品		
9	是否对需要带入受限空间的工具进行了安全检查登记		
10	电动工具是否符合防爆要求		
11	作业前是否对空间进行了必要的清洗		
12	作业中是否保持了受限空间的通风		
13	对易燃、易爆及可能存在有毒、有害物质的受限空间是否进行了气体测试		
14	受限空间是否有充足的照明和是否使用了安全电压		
15	是否有有效的内外联系方式		
16	其他		

三、受限空间作业许可证签发流程 (图 2-2-1)

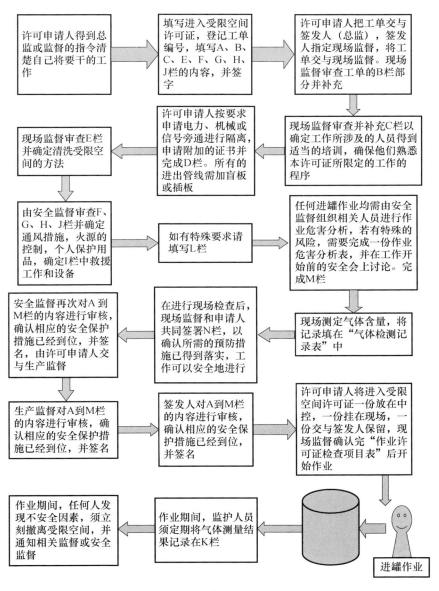

图 2-2-1　受限空间作业许可证签发流程图

四、检测仪表

为保证作业安全,必须使用检测仪表对作业空间内气体状态进行检测,常用的检测仪表有可燃气体检测仪、测氧仪和有毒气体检测仪。

1. 可燃气体检测仪

测量可燃气体在空气中的浓度,检验作业空间内是否存在作业危害。

(1)催化灯丝型可燃气体检测仪

作用:测量空气中浓度低于可燃下限的烃气含量。

标识:绿色——安全区;黄色——注意区;红色——危险区。

使用要求:禁止在缺氧环境中使用;探头必须装有回火保护。

使用方法:除气—调零点—吸气测量。

(2)非催化炽热灯丝型可燃气体检测仪

作用:测量浓度在 1% 以上的烃气含量。

使用要求:被测对象为气态,不可测量油雾状物质,在大气压力下方可检测。

2. 测氧仪

检测作业环境中氧气含量,分析作业空间安全性。

测氧仪分为指针式和数字式两种。

使用时先将测氧仪内部和吸管内部气体排除干净,然后在规定位置进行测量,氧气含量可以通过指针或显示屏数字显示出来。

3. 有毒气体检测仪

检测作业空间内有毒气体含量。

目前可分为电子式和化学反应棒式两类。

(1)电子式

分为测量单一气体和测量多种气体两种。

通过气泵将空气吸入电子检测仪内,检测结果反映在指示屏上。

(2)化学反应棒式

将化学反应棒打开,通过吸气装置将气体吸入反应棒内,根据反应棒颜色变化,判断是否存在有毒物质。

五、安全防护用具

进入受限空间作业存在着有毒、贫氧等危害,为保证作业人员健康和安全必须使用有效的安全防护用具。

（一）空气呼吸器

能够在有毒、缺氧的环境下向人员提供新鲜空气的呼吸保护用具。

空气呼吸器分为储压式空气呼吸器和供气管式空气呼吸器两类。

1. 储压式空气呼吸器（图 2-2-2）

将压缩空气储存在气瓶内，通过管路向人员提供符合安全要求的空气。佩戴此种空气呼吸器可以进入有毒、缺氧空间，并且不受距离限制，行动灵活、自如。但是气瓶内储存气体容量有限，不能保证长时间作业，作业人员应当在气瓶内气体耗尽之前的安全时间内撤出作业空间。

图 2-2-2　储压式空气呼吸器

结构：储压式空气呼吸器由气瓶托架、高压气瓶、减压阀、呼吸管、呼吸阀、面罩、压力表、低压报警器、放气阀组成，有些呼吸器带有面罩除雾装置。

使用方法：

（1）检查面罩：将面罩贴于面部吸气，观察面罩能否固定于面部，检查面罩边缘是否漏气。

（2）装气瓶：将充足气体的高压气瓶（30 MPa）固定在气瓶托架上，将气瓶瓶头阀与托架上减压阀连接紧固（只能用手，不得使用扳手、钳子等工具）。

（3）连接气瓶与面罩：将面罩进气管与减压阀排出管连接（多为快速

接头）。

（4）检验低压报警：将瓶头阀缓慢打开，使气管内气体压力处于低压状态，检验低压报警器能否发出报警笛声。

（5）检验压力表：将瓶头阀完全打开，检查压力表指针是否随压力变化而改变。

（6）检查管路是否漏泄：将呼吸阀送气按钮关闭，检查管路连接处是否存在漏气现象。

（7）检查呼吸阀工作是否正常：将面罩贴于面部，深呼吸（急呼、急吸）检查呼吸阀能否与人员呼吸同步工作。

（8）戴面罩：将头发向后梳，使额头及面部保持无异物，将面罩贴于面部，呼吸阀能够自主工作后，将系带系牢。

注意：

（1）佩戴面罩之前必须将呼吸器瓶头阀打开，处于供气状态。

（2）戴呼吸器工作时，听到低压报警后立即在15分钟之内脱离危险区域。

（3）呼吸器储气瓶为高压气瓶，禁止裸露进入火场燃烧区域。

（4）佩戴呼吸器作业时，应避免瓶头阀与其他物体碰撞。

2. 供气管式空气呼吸器

供气装置（空压机、鼓风机）通过较长管线与呼吸器面罩相连，向作业人员提供空气。此种呼吸器能够长时间使用，但由于空气管的限制，人员行动受到限制。

结构：供气管式空气呼吸器由供气装置、供气管线、呼吸阀、面罩、压力表等部件组成。

使用方法：

（1）检查面罩：将面罩贴于面部吸气，观察面罩能否固定于面部，检查面罩边缘是否漏气。

（2）连接供气管与面罩：将面罩软管与供气管连接（多为快速接头）。

（3）检验压力表：供气装置送气，检查压力表指针是否随压力变化而改变。如图 2-2-3 所示。

（4）检查管路是否泄漏：在管线内存在供气压力条件下，检查管路连接处是否存在漏气现象。

（5）检查呼吸阀工作是否正常：将面罩贴于面部，深呼吸（急呼、急吸）检查呼吸阀能否与人员呼吸同步工作。

（6）佩戴面罩：将头发向后梳，使额头及面部保持无异物，将面罩贴于面部，呼吸阀能够自主工作后，将系带系牢。

图 2-2-3　检验空气呼吸器压力表

（二）防毒面具

防毒面具是指通过不同的过滤罐能够将相适应的有毒物质过滤，防止人员中毒的呼吸保护用具。如图 2-2-4 所示。

图 2-2-4　防毒面具

1. 种类

从结构上分为隔离式和直接式。

隔离式：过滤罐与面罩不在一体，过滤罐系于腰间通过管路连接与面罩相连。

直接式:过滤罐与面罩连于一体。

从过滤罐防毒对象上分为如下 8 种:

1	2	3	4	5	6	7	8
卤素气体用	酸性气体用	有机气体用	一氧化碳用	氨气用	二氧化硫用	氰酸用	硫化氢用

2. 使用要求

(1)防毒面具应满足有关标准要求。

(2)面罩应保证严密性。

(3)面罩应有开阔的视野并不应当结雾。

(4)过滤罐必须适合所使用的气体。

注意:

(1)防毒面具不能在缺氧环境中使用。

(2)使用隔离式防毒面具时应当把过滤罐底部进气塞打开。

(三)防尘口罩

在粉尘含量较高的环境中,为防止粉尘进入人体呼吸道所佩戴的呼吸防护用具。

注意:

(1)防尘口罩不得在有毒、缺氧的环境中使用。

(2)防尘口罩不得重复使用。

(四)防护服

进入受限空间作业的人员身体可能受到油类和有害物质污染,污染物进入人体皮肤后对人员健康造成威胁。另外,在作业中人员可能会受到刺割、碰撞、热物质等伤害,为保证人员健康和安全,进入受限空间作业的人员必须穿戴作业防护服。

防护服应满足以下要求:

(1)经受油类和作业空间存在的污染物的腐蚀。

(2)具备一定的强度,满足碰撞、刺割和摩擦情况下对人体的保护。

(3)防静电能力,不会因为与人体摩擦而导致静电放电形成火花。

（4）穿戴方便、行动灵活。

（五）防滑靴

受限空间内作业必须穿戴防滑、防砸工作靴,保护人员安全作业。

（六）手套

进入受限空间内作业的人员,必须根据作业环境中存在的物质情况,合理选择防护手套。

防护手套有防油、防酸、防碱、防滑等类型。

（七）面部保护

当受限空间内气体状态满足安全条件的情况下,人员进入空间虽然可以不使用呼吸保护用具,但是必须佩戴面部保护装置,防止作业过程中微量有毒、有害气体对面部特别是眼部的伤害。面部防护用具包括防护眼镜、防护面罩。

（八）安全绳

为保证进入受限空间作业人员与外界联络或在紧急情况下寻找逃生道路,应当使用安全绳。

（九）跌落保护

在受限空间内作业高度超过 2 m 的情况下,作业人员必须佩戴跌落保护装置,防止人员落下而导致伤害。

注意:各种防护用品必须符合安全标准,禁止使用代用品。

第三节　进入受限空间作业

一、作业安全要求

受限空间内由于危害因素较多,作业环境恶劣,发生事故人员不便于逃生等因素,为防止事故,保证作业安全,作业必须满足安全要求。当人员的整个身体或头和肩越过受限空间的开口平面去进行一项特殊的工作,就认为是进入了受限空间。

受限空间作业属于危险作业,作业负责人必须按照 HSE-W-205《工作许可管理》的要求进行作业前的申请、审批和许可,经批准后方可进行作业,现场要有监护人全程监护。

进入受限空间必须执行以下控制措施。

（一）作业工具

1. 存在可燃气体的工作区域

（1）所使用的手动工具应为无火花非铁工具。

（2）不得使用电动工具。

（3）不得进行打磨、敲击、铲凿作业。

（4）运送工具时应把工具放入帆布袋或其他安全性容器内,用绳索吊入舱内。

2. 除气后的区域

（1）使用的电动工具应满足防爆要求。

（2）电动工具及导线保持良好绝缘。

（3）气动工具应保持严密性。

（4）作业完成后储存油类物质的空间内,不得使用铝制工具。

（二）作业用具

（1）照明灯、工作灯必须是防油气型、防爆型,灯罩内外要绝对气密。

（2）手电筒必须是防油气型或本质安全型的。

（3）对讲机必须是防油气型或本质安全型的。

（4）禁止在作业区域附近使用收音机、机械式照相机、电动生活用具。

（三）作业环境

（1）作业区域必须隔离。

（2）作业区域周围不得进行动火作业或高温作业。

（3）作业区域附近不得存放易燃易爆物品和化学品。

（4）通往作业空间的管线必须关闭、封隔、锁固。

（5）作业区域必须有明确警告标牌。

（6）当海上气象条件发生变化,出现大风、闪电时应停止作业。

（四）作业人员

（1）作业人员必须具备相应的技能和安全操作技术。

(2)作业人员必须掌握各种防护用品的使用方法。

(3)作业人员应了解受限空间内作业的紧急情况处理手段和行动原则。

(4)作业期间不得出现任何违章操作行为。

(5)人员进入受限空间内作业必须佩戴安全绳。

(五)气体检测

气体检测包括可燃气体检测、含氧量检测和有毒气体检测。任何一种气体检测必须使用准确的、符合安全要求的检测仪器。

气体检测位置要求:应当选取空间的低、中、高三个不同高度,在每个高度范围内应当选取至少 4 个测量点,对于死角区域应当单独测量。

检测气体时,应从舱口开始。

作业过程中由于作业环境的变化,气体状态可能会发生变化,故此,在作业过程中,必须密切检测气体变化,监督员应当与作业人员保持沟通,一旦发生不可控制的现象,应立即通知人员撤离。

二、受限空间作业过程与安全控制

1. 作业前准备

(1)人员

作业人员应当在作业前熟悉空间内结构,了解作业内容、作业工艺,检查作业工具和保护用具,与监护人确定联络手段。

(2)工/用具

作业前监护员应当对作业工/用具进行检查,视其是否满足安全要求。

(3)人员防护用品

监护员应当对人员防护用品进行检查,是否满足作业要求,对于空气呼吸器应当对气瓶储气量、压力表、报警器、减压阀、面罩密封情况进行认真检查,对于安全绳应进行完整性和强度检查。

(4)救助用具

为保证在意外情况下对空间内人员进行救助,在作业之前应对救助用具进行检查。

救助用具有救助人员呼吸器、担架、止血包扎用具、舱顶救助支架与滑车、心肺复苏呼吸器、医用氧气等。

2. 能源封隔

进入受限空间作业前,应将与作业空间相连的能源封堵,防止作业过程中能源进入受限空间,改变安全条件,造成人员伤害和作业事故。

对于压力能源,应当关闭阀门,确认没有压力进入空间后,使用锁具将阀门锁固,防止误操作而导致事故。无法关闭的阀门可在法兰上加固盲板。

对于电力能源,应当切断电源,确认没有电能进入空间或与空间内物体相接通后,使用锁具将电闸锁固。

3. 除气

对于存在可燃气体、有毒/有害气体的空间,为保证作业安全和人员健康,作业之前应当将新鲜空气注入受限空间内,降低可燃气体、有毒/有害气体浓度,满足安全作业条件。

4. 气体检测

为保证作业安全,作业之前必须对作业空间内气体状态进行检测,检测标准为氧气含量应在 18% 以上,23.5% 以下。

5. 悬挂安全标志

人员进入受限空间作业之前,应当对作业区域进行隔离,并在作业区域内悬挂安全标志,防止人员误入作业区域或误操作导致事故。

安全标志包括:

(1)禁止拆卸;

(2)内部有人工作;

(3)非工作人员禁止入内;

(4)惰气封闭,禁止入内;

(5)禁止操作。

6. 人员进入

确认空间内符合安全条件,人员佩戴防护用品后,监护人方能指导作业人员进入受限空间。

进入位置尽可能从侧门进入,当空间在舱顶和侧面都有通道时,应当从侧门进入。

进入口距工作面在高度上有差距时,应当确认梯子牢固的情况下,才能进入。

人员进入作业空间后,舱口不得关闭。

7. 作业

作业开始后,监护人必须密切注意空间内作业情况,作业必须保证以下条件:

(1)保证安全照明。

(2)作业位置保证稳固。

(3)作业高度大于 2 m 的情况下,应佩戴跌落保护用具。

(4)进行热工作业时,应注意环境变化,注意毗邻舱室的温度变化。

(5)作业过程中,应不断对空间内气体状态进行检测,一旦发生变化应立即停止作业。

(6)当作业过程中,出现无法继续进行的情况时,作业人员必须向监护人报告,不得蛮干。

(7)在除气之后的空间内作业时,应保证空间内通风,确保空气质量。

(8)作业过程中人员出现头晕、四肢无力时,应立即撤出作业空间。

(9)作业中不能以任何理由解除人员防护用品。

8. 作业完毕

(1)作业完毕后作业者应向监护人发出通知。

(2)作业完毕后应将工具收集并清点。

(3)储油容器内不得遗留任何物质(木头、铁质物质等)。

(4)向舱外运送的物品必须装入安全容器内向外运送,不得向外抛送。

(5)人员撤离空间后,才能将照明设备拆除。

第三章　受限空间作业事故应急救援

当受限空间内作业人员由于各种原因受到伤害时,必须在短时间内迅速将伤员救出,保证作业人员健康、安全。

一、应急救援原则

紧急情况下监护人应遵循以下原则实施救援行动。

(1)立即通过警报器、无线电对讲机、电话发出通报。

(2)借助救生索将受伤人员拖出。

(3)在没有安全保护的情况下,不得进入空间内救助他人。

(4)按要求组织对伤员抢救。

(5)控制火源。

(6)加强通风。

注意:未佩戴呼吸保护装置,不得进入受限空间救助伤员,防止出现二次伤害。

二、常见伤害救援

1. 中毒、窒息的救援

如果伤员距舱口位置较近,可以通过拉动救生索的方法将伤员拖出。

如果伤员位置距舱口较远,必须由2名以上作业人员进入舱内,通过救助设备将伤员救出。伤员救出后根据伤员的生理现象,立即进行心肺复苏。将伤员放至通风处,注意保温,寻求医疗救助。

2. 出现软组织、骨折等伤害的救援

救助人员立即下舱,平稳将伤员运出,脊椎骨折的伤员不得背动。大出血伤员应立即止血。

3. 触电的救援

如果作业人员使用手持电动工具发生触电伤害,应采取以下救助措施：

　　(1)立即切断电源。

　　(2)向舱内通风。

　　(3)救助人员进入空间。

　　(4)将伤员运出。

　　(5)对伤员进行检查。

　　(6)对于呼吸、心跳停止者,立即进行心肺复苏。

第四章　受限空间作业事故案例分析

案例一　人员氮气窒息受伤事故

一、事故经过

2009年11月15日,某化工装置吸附塔内发生了1起施工人员氮气窒息受伤事故,致承包商1人重度中毒、1人轻度中毒。其他单位也曾经发生过类似的事故,并造成了人员死亡和残疾。本次事故若非救援及时,也可能造成人员死亡,应引起高度重视。

2009年11月14日,某化工装置吸附塔停产检修,进行塔内件打磨和焊接作业。吸附塔为立式塔,塔顶距离地面16 m,塔内装有催化剂,工作面距离顶部人孔1.4 m。由于催化剂向外释放氢气,施工过程中塔内充氮气进行保护。

11月15日早晨,有两家承包商在现场作业。06:44,工人谢某戴上空气呼吸器面罩进入吸附塔,面罩由移动式气瓶组供气。06:47,现场监控人员李某发现谢某昏迷在塔内;李某立即戴上呼吸面罩进塔施救;进塔过程中,李某的面罩挂在塔内件上并脱落,李某随即昏倒。另一家承包商的施工人员见状,戴上自己的供风面罩,进入塔内将两人救出,供风面罩由空气压缩机供气;在现场对中毒人员进行了心肺复苏急救。07:00,公司气防站救护车和消防队云梯车到达现场,医护人员在现场对伤者进行了紧急处理;07:30,医院救护车赶到,伤者被送往医院抢救;中午,李某出高压氧舱,基本恢复;17:30,谢某出高压氧舱,神智基本清醒,并能行走、讲话;其后,两人继续在医院进行康复治疗。

二、事故原因

1. 作业人员没有充分掌握空气呼吸器的正确使用方法

一方面,使用前没有对气瓶压力进行确认。据伤者事后回忆,在佩戴面罩的情况下,就已经感到呼吸困难,证明存在气瓶压力不足或供气不畅的可能。另一方面,抢救人员的面罩在进塔过程中脱落。

2. 作业现场监护不足

业主单位现场监护人员监护至晚 12 时,午夜之后由承包商自行负责监护。对作业现场的监护程度,应由作业的内容和风险决定,不应由作业时间决定。

3. 疲劳作业不利于发现和处置突发情况

从交接班到发生事故,工人已连续作业 8 个多小时,在疲劳状态下,不利于察觉和处置突发、异常情况。

案例二 有毒气体窒息死亡事故

一、事故经过

2004 年 1 月 15 日,一名承担储罐清洗、维修作业的承包商员工,在午饭时发现自己的一件工具遗留在储罐内,他让另一名同事陪他一道去取。

这个罐 3 天前已经完成清洗工作,15 日开始在内部进行检测、维修。正常工作状态下使用鼓风机从一个人孔向内吹新鲜空气,但是不工作时就把鼓风机停下来了。

这名承包商工人进入罐内取工具,他的同伴听到一声倒地的响声,呼叫他没有回音,这个同伴也进入罐内,当他看到第一个人倒在地上时,他也感到头晕,于是马上回身向外跑。出罐后昏倒在地。

下午开工后,人们发现了上述两人。送医院抢救后一人脱离危险,另一人死亡。

二、事故原因

(1)没有检测罐内空气质量,工人就进入了罐内。

(2)鼓风机在作业休息阶段停止送风。

(3)没有现场看护人员。

(4)没有通信联系设备和应急救援装置。

(5)当天天气炎热,中午气温达到 41 ℃。

三、原因分析

(1)人员进入罐内作业并没有通知作业监督,没有得到作业许可,也没有进行空气质量检测，更没有强制通风措施，不能及时稀释有害气体，最严重的是没有佩戴个人防护用具，不能使身体与有害环境隔离。

（2）鼓风机停止作业：非作业时间段的鼓风机停止运行是作业习惯。作业前风险分析会上，有人提出应该保持常开，但是经过解释——保证空气质量监测合格后才能允许入内，同意上述做法。鼓风机停止作业时，没有有效的隔离手段防止人员进入罐内。

（3）现场没有看护人员：非作业时间段现场没有安排看护人员，人手不足；且由于法律、法规限制，不能让看护人员超时工作。

（4）没有通信联系设备和应急设备：没有佩带联系设备（对讲机），使进入罐内人员无法和外部人员及时沟通；没有联系设备，罐外人员不能及时通知后备救援人员；没有救援设备，罐外的人员不能在保证自身安全的前提下进行救援；没有救援设备，人员无法及时进入罐内进行有效救援。

（5）天气炎热：环境温度高，造成罐壁内部附着的有害气体挥发，形成高浓度有害蒸气。高温环境对人体也造成脱水、不适等影响。

四、改善措施

（1）确保能源隔离——应确定各类有影响的能源已被隔离，并挂牌和锁定。

（2）降低有害气体、氧气含量——对受限空间进行置换、通风，按时对空气进行检测。

（3）佩戴规定的防护用品。

（4）重视信息沟通——外部应有专人监护，保持通信畅通。

（5）减少暴露于风险的人群——限制进入内部人员数量。

（6）采取专项救援措施——制定受限空间内的应急救援措施。

附录一　油(气)舱、罐、容器和管线清洗作业管理

1　目的和范围

为了规范油(气)舱、罐、容器和管线清洗作业程序,明确惰化的健康安全环境要求,杜绝这类作业中各类事故或影响的发生,制定本规定。

本规定适用于天津分公司生产设施和作业设施所有的油(气)舱、罐、容器和管线(不包括海底管线)的清洗及惰化作业。

2　职责

2.1　现场作业领导小组

(1)全面负责并协调作业过程中施工、健康安全环境管理工作。

(2)接收并对聘请的洗舱专家下达的指令进行把关,安排各操作小组的工作。

(3)掌握作业进度,协调、解决现场存在的问题。

(4)及时向陆地汇报当天的作业情况,接收陆地的指令。

2.2　作业安全检查组

(1)负责健康安全环境方面检查工作,对应急部署进行确认。

(2)审核作业期间所有健康安全环境控制措施。

(3)对现场健康安全环境控制措施执行情况进行监督、检查,有权中止不符合要求的行为。

(4)为领导小组提出健康安全环境方面的合理化建议。

2.3　医务救护组

(1)负责备齐必要的人员救护用具与药品。

(2)发生事故时负责现场救护。

2.4　作业组

(1)执行作业方案及作业指令。

(2)作业前检查设备、流程等达到作业要求。

(3)由作业负责人向领导小组反映存在问题和当天的工作进度。

3　工作内容

3.1　清洗作业前准备

3.1.1　明确组织机构、人员与职责

对于 $500\ m^3$ 及以上(以下简称"大型的")的油(气)舱、罐及管线清洗作业，应由生产主管部门组织成立现场作业领导小组、作业安全检查组、医务救护组并明确各自的职责。

其他舱、罐及管线的清洗作业前，由现场管理单位组织进行，至少应明确作业指挥者、作业安全监督、医务人员及其他作业人员的职责。

需要进行清舱作业的承包商应取得海事局颁发的《船舶残油接收作业许可证》《船舶清舱作业许可证》《船舶垃圾接收许可证》，同时清舱人员应取得海事局颁发的《船舶清舱培训合格证》。

3.1.2　制定清洗方案

包括清洗手段、步骤、人员分工与职责、健康安全环境控制措施、应急措施。清舱作业的 HSE 风险分析报告编制及审批按照"HSE/WA-205 作业 HSE 风险分析报告编制要求及审批程序"执行。

3.1.3　人员培训与教育

作业组织者应对与作业有关联的所有人员进行作业方案、健康安全环境控制措施以及应急措施的技术交底，组织相关教育。

3.1.4　现场准备

(1)检查健康安全救生(和环境控制的)设施设备(救生艇、救生筏等)、器材，处于备用状态，随时可用。

(2)检查消防设施设备、器材，处于备用状态，随时可用。

(3)检查火灾探测系统。

(4)检查通信设备(包括对讲机)，通信电台 24 小时值班。

(5)便携式可燃气体检测仪，测氧仪要求：

①至少配备两套便携式可燃气体检测仪，测氧仪；

②便携式可燃气体检测仪、测氧仪完好可靠，在校对有效期内；

③当舱、罐和管线内的可燃气体浓度低时，便携式可燃气体检测仪能测出气体爆炸下限(LEL)并有 LEL 百分率的显示；

④当舱、罐和管线内充注有惰气时，气体检测仪能测出在惰化中的可燃气体和氧气的浓度。

(6)对于准备使用惰气设备的清洗作业，应对惰气系统进行检查，保障系

统处于正常工作状态,安全联动保护装置可靠,氧气分析仪每次使用前必须进行校对,供给惰气中的氧含量应小于 5%,气体温度不能超过 60 ℃。

(7)准备好"HSE/WA-214R01 洗舱作业指令单""HSE/WA-214R02 洗舱作业指令执行情况单"。

(8)对于大型的油(气)舱、罐及管线清洗作业,人员要求如下:

①一切与作业无关的人员不得在石油生产设施上停留;

②严格控制外来人员,把施工人员数量压缩到最低限度;

③组织一次消防、逃生及污染控制演习。

(9)各岗检查人员应有针对性地列出检查项目表。检查表应有检查项目、检查内容、检查时间、检查人和审核人员签字。

3.1.5　要求所有清洗作业办理冷工作业许可证(见"HSE/WA-201 工作许可")。

3.2　清舱作业

对于油(气)舱(包括储油沉箱)清洗作业,主要包括洗舱与驱气活化。作业中应重点关注惰气系统的可靠性,驱气活化时注意防止静电和火源的出现以及气体的异常泄漏。

3.2.1　洗舱

对于油(气)舱、储油沉箱应采取惰化状态下洗舱,防止爆炸混合气的出现。洗舱方法多样,根据原油的特性,采用不同的介质来洗,常用的有原油洗、水洗。下述是一般洗舱作业程序与安全措施。

3.2.1.1　启动惰气系统,使其投入正常运行。指定的检测人员检测舱内氧气含量,确认舱氧气含量均在 5% 以下,舱内压力在 500 至 1000 mmH$_2$O 之间。

3.2.1.2　全体参加洗舱人员各就各位,各岗或各组负责人向领导小组通报准备情况,经分析确认后,由作业负责人宣布洗舱开始。

3.2.1.3　洗舱安全注意事项

(1)在洗舱、活化时,非直接工作人员不允许在甲板上随便走动。

(2)在洗舱、活化时,一切由生活区通往生产区的门窗必须全部关闭,工作人员按指定的门进出,并要随手关门。

(3)原则上不允许其他船只靠泊,若必须停靠时,需经洗舱领导小组同意后方可停靠,而且登船人员必须穿戴劳保用品,否则不允许登船,并且由安全监督全面把关。

(4)洗舱期间,各专业监督及泵工要加强检查监视,做好记录,一旦设备有异常情况,值班人员要立即到位,排除故障,保障设备正常运转。

(5)洗舱与活化期间,做好氧气和可燃气体测定,并填写在指定的表上(见"HSE/WA-201R05 气体检测记录表"),报给洗舱指挥者,经其允许方能开舱盖或下舱。

(6)洗舱期间,通信应保持 24 小时畅通,值班船及消防船 24 小时开机值班守护,不准抛锚,陆地保证 24 小时值班,直升机 24 小时机场待命。

(7)值班医生作为抢救组长,在人员发生头痛、恶心、晕倒或其他异常情况时,要及时组织进行治疗和抢救。

(8)洗舱期间,注意保持舱内正压,避免外界空气侵入舱内,确保舱内氧气浓度保持在 5%以下。

(9)使用原油洗舱时,要求洗舱用的油与被清洗油舱所载的油相同品种,且不混入杂质和水。

(10)水洗舱不准使用循环水洗舱。

3.2.2 驱气活化

3.2.2.1　洗舱结束后,一般情况下要进行惰气驱气和用新鲜空气除气(活化),这是一项非常危险的作业,作业方案中应作好驱气和除气计划,计划中应包括除气的方式,延续的时间以及应达到的驱气与除气的标准等。

3.2.2.2　驱气活化作业的准备工作及安全事项:

(1)首先通知全体设施上人员,告知驱气活化作业开始,门窗关闭。

(2)空调系统改为内循环方式,防止石油气体进入居住场所。

(3)进行换气时应有专人观察风向变化,有异常情况及时汇报给领导小组。

(4)移动式风扇或鼓风机的动力必须是液压、气动或蒸汽式的,并且其制作材料在任何情况下不出现火花,例如在叶轮触及机器内板时不致引起火花。移动式风扇应是大容量型的,并在使用时,必须与甲板接合妥当,使风扇与甲板之间具有良好的导电性。

(5)除气期间,舱内气体的排出方式必须得当,控制出气舱口的数目和位置,以使驱除的气体尽快飘离甲板区域。

(6)检测舱内气体时,如烃气浓度或含氧量等,必须在不同的高度和位置进行。尤其要注意测量某些死角。如果油舱内被挡板分隔成几个部分时,则应在每一部分都进行测定。若油舱或某一部分舱容很大,则需要在较多的部位进行测定。若经检测烃气浓度、含氧量或毒气浓度不合要求,则必须再次进行通风。

（7）应使用在缺氧环境中测定烃气浓度百分比的仪器，而通常所用的只能测定可燃气体下限百分比浓度的可燃气体检测仪不适用此种检测。

3.2.2.3　驱气活化作业程序

（1）新鲜空气除气前，必须先进行惰气驱气（包括置换或稀释法）。

置换法：

①启动惰气系统，岗位人员检查惰气运行状态是否正常。

②备妥排气管。若没有设置固定的排气管，可在惰气的入口处的对角线最远处打开一个洗舱孔，然后装一个空气导管（如风斗等）。

③开启有关惰气入舱阀门。

④启动惰气风机，低速将惰气送入舱内（防止气体搅动），开始驱气作业。

稀释法：

①启动惰气系统在惰气入口处装入空气导管伸至舱底 1～3 m 处，并在惰气入口的对角线最远处打开一处洗舱孔。

②开启有关惰气入舱阀门。

③启动惰气风机，以最大排量将惰气送入舱内，开始驱气作业。

（2）估计通入舱内的惰气的体积约为舱容的 3～4 倍时，指定的检测人员对驱气情况检测，舱内烃气浓度按体积比或混合气体已降到 2％以下时，惰气驱气可结束，进行活化作业。

（3）活化前，应将惰气入舱阀门关闭，通过风机向舱内注入新鲜的空气（应注意考虑舱内死角气体能被活化），直至舱内氧气浓度达到 21％，可燃气体浓度在爆炸下限（LEL）2％以下。

3.3　油（气）罐、容器和管线清洗作业

本节适用除上述具有惰气系统的油舱（沉箱）以外的罐、容器和管线清洗作业，该类作业由于没有惰气系统，采取非惰化状态下进行清洗，因此，作业中安全重点应是防止静电和火源的出现。

3.3.1　应首先通过泵送等方式将罐底和管线内的污油排净。必要时可用水（低于 60 ℃）冲洗罐和管路系统（密闭条件下）。

3.3.2　进行强制通风除气，使罐和管线内的可燃气体浓度达到爆炸下限（LEL）10％以下，通风时，应参照油舱驱气活化的安全措施执行。

3.3.3　进行清罐、管线作业，若涉及人员入罐，应按"HSE/WA-213 进入限制空间作业管理"执行。在整个清洗作业中，应保持机械通风（鼓风机能量应大于不断产生的新的烃气量）和不断进行气体检测，如果发现可燃气体浓度回升到 LEL50％时，应暂停清洗作业，并继续保持通风，直到浓度降到

LEL20％或更低,才可恢复作业。在作业中为了防止静电产生,还应注意以下几点:

(1)人员必须穿戴防静电服装。

(2)所使用的工具应是防爆的;全部入罐的软管应有良好的导电性能(不超过 6 Ω/m),接头接合有效。

(3)清洗时,应及时将内部积水抽出。

(4)禁止使用循环水清洗,不准使用化学添加剂。

(5)未清洗完前,禁止向油罐和管线通入蒸汽。

(6)在吊放器具时,禁止使用聚合物的绳索。

3.4　作业应急措施

3.4.1　在下列情况下应立即停止清洗作业:

(1)洗舱时惰气系统发生故障时;

(2)洗舱时惰气含氧量大于 5％时或压力降至 1000 Pa 以下时;

(3)发生漏油事故尚未处理妥善之前;

(4)雷雨、闪电即将到来或有大风、大浪时;

(5)通信中断无法与陆地联系时;

(6)在设施上或附近发生火灾时;

(7)其他船只与本设施发生碰撞时;

(8)其他船只靠泊设施时;

(9)领导小组认为有必要停止作业时。

3.4.2　当发生火灾、船舶破损、救生、逃生等灾难事故时,按应急部署进行,一切行动听从总监的统一指挥。

3.5　惰化

油(气)舱、罐和管线在投用前,应进行惰化,充注惰性气体,把空舱、罐和管线内的空气置换出来,防止投用时爆炸混合气体的形成。

3.5.1　作业人员检查舱、罐或管线后封舱、罐或管线,对相关阀及盲板确认,由作业指挥者指挥,开始惰化作业。

3.5.2　对于舱或罐配有惰气系统的,按操作规程直接充注惰气。当供给惰气甲板总管压力达到规定值时,检测人员检测氧气浓度,若降到 5％以下,即惰化完毕。

3.5.3　对于无惰气系统的,应使用瓶装氮气进行充注,氮气瓶的选用安全要求见"HSE/WA-313 压缩气体和工业气瓶的安全管理"。

3.5.4　充注时间以充入 3～4 倍舱容的惰气来计算,当满足充注时间后,通过合适的排放口检测氧气含量是否降到 5% 以下,若达到即可停止惰化。

4　相关文件

4.1　HSE/WA-201　工作许可(略)

4.2　HSE/WA-205　作业 HSE 风险分析报告编制要求及审批程序(略)

4.3　HSE/WA-213　进入限制空间作业管理(略)

4.4　HSE/WA-313　压缩气体和工业气瓶的安全管理(略)

5　记录

5.1　HSE/WA-214R01　洗舱作业指令单

5.2　HSE/WA-214R02　洗舱作业指令执行情况单

附录二　中海石油(中国)有限公司天津分公司进入限制空间作业要求

1　目的和范围

本程序为作业人员进入限制空间作业提出要求与指南,确保作业人员的健康安全。

本程序适用于在天津分公司所辖区域需要进入限制空间的各类作业。

2　职责

2.1　现场监督的职责

(1)负责检查进入限制空间的人员证件是否齐全;

(2)审查进入限制空间的健康安全环境控制措施;

(3)检查要进行作业的限制空间的环境;

(4)与作业负责人做出"开始/终止"的决定。

2.2　作业负责人的职责

(1)负责申请进入限制空间许可证;

(2)制定进入限制空间的健康安全环境控制措施;

(3)负责监督检查所使用的防护用品和装置的配置和完好情况;

(4)如果发生紧急情况执行应急预案。

2.3　监护人的职责

(1)当有人员进入限制空间时,必须自始至终在限制空间入口处守护和监视内部情况;

(2)负责明确与进入限制空间的人员的联络信号;

(3)检查进入限制空间的设备的准备情况和可靠性,负责清点进入限制空间的人员、设备和工具等的数目;

(4)提醒进入限制空间的人员注意限制空间内存在的危险源和环境因素,如危险结构、有毒物质等情况,以及相关的控制措施;

（5）在发现有未预料的危险情况出现时,应指令内部人员停止作业并撤出限制空间;

（6）人员从限制空间出来后,负责清点人员、设备和工具。

2.4 进入限制空间人员的职责

（1）了解并熟悉工作环境,检查作业的工具;

（2）正确穿戴特殊防护用品;

（3）作业期间如发生紧急情况,停止工作并撤出限制空间;

（4）严格按照操作规程和施工方案进行作业,按公司相关规定妥善处置现场产生的废弃物;

（5）工作完成后,清理工作现场的工具、设备及其他杂物并携带出限制空间。

2.5 救护人的职责

（1）精通紧急救护知识,了解进入限制空间内可能发生的险情;

（2）作业过程始终在现场守护,协助监护人工作。

3 工作内容

3.1 明确限制空间

3.1.1 为了防止人员误入限制空间,作业现场单位安全监督应明确哪些区域是限制空间,并应经常告知作业人员不得随意进入限制空间。对于不需工具或钥匙就可进入的限制空间,应在进出口处挂警告标志"危险——限制空间,不要进入"。

3.1.2 在作业前,作业许可证签发人可根据具体工作的需要,将上述人员职责以及其他补充要求以书面的形式明确给参与作业的人员和相关人员,并签字认可。

3.2 作业步骤

3.2.1 进入限制空间作业现场必须设立监护人、救护人员。

3.2.2 作业时,心脏病、高血压等病症的人员不得进入限制空间。

3.2.3 工作前,现场监督应对施工单位的作业负责人和监护人员进行健康安全环境管理指导。施工单位的作业负责人应对本单位作业人员进行相应教育。

3.3 安全设备和工具的准备与检查

3.3.1 作业负责人准备以下工具:

（1）对讲机（本质安全型）;

（2）气体检测仪;

（3）安全带和符合要求的绳子;

（4）适用的梯子；

（5）手电筒和其他必要的照明用具（符合现场防爆等级要求）；

（6）具有充足气压的自给式空气呼吸器或其他呼吸防护用品；

（7）担架、急救药品及器械；

（8）安全带。

3.3.2　作业负责人在适当的地方应设置警告标志，常用的警告标志的名称及说明如下：

（1）禁止拆卸

此警告标志应在被封堵的地方。

（2）内部有人工作

此标志应放在限制空间出入口处。

（3）非工作人员禁止入内

此标志应放在醒目的适当位置。

（4）惰气封闭，禁止入内

此标志应放在限制空间出入口处，以避免不慎进入。

（5）禁止操作

此标志应放在电器开关及特定阀门按钮和盲板等处。

3.3.3　根据危害和影响的性质，配备符合限制空间健康安全环境控制要求的个人防护服装和物品。

3.3.4　在每次作业前，作业负责人必须仔细检查所有健康安全环境控制设备、器材和装置，发现异常应立即修补或更换，严禁勉强使用。需带入限制空间的设备和工具还应由进入限制空间人员和监护人员检查登记。

3.4　限制空间的处理

3.4.1　在进入限制空间之前，应首先执行隔离与锁定程序。

3.4.2　若进入的限制空间为含有毒有害药剂、油（气）的舱、罐、容器或管线，则需对限制空间进行排放、清洗、除气作业；清洗作业产生的各种废弃物应严格按照公司有关管理制度合理处置。

3.4.3　一般情况下，人员在进入限制空间前，应充分通风换气，以保证有足够的新鲜空气进入该空间。但有时为了防爆、防氧化或受作业环境限制，不能采取通风换气时，这时应要求进入限制空间的人员戴自给式空气呼吸器或采取其他有效措施，以保证呼吸新鲜空气。

3.4.4　需要通风换气的，必须使用通风设备，以保证供应新鲜空气。但要注意通风的气源应是干净的气源，禁止用纯氧气通风。

3.5 空气的检测

3.5.1 在进入限制空间之前,安全监督应查找相关资料和询问有关人员,以了解限制空间气体种类和浓度的有关数据。

3.5.2 由安全监督组织两人同时对限制空间内的空气进行严格检测,以了解限制空间内的空气是否符合安全要求,检测仪器必须经过有资质单位的标定,且经过安全监督确认。

3.5.3 所有检测人都应站在限制空间外对限制空间内部进行检测。如果不了解其中的气体成分又必须进去测量时,检测人员必须戴上自给式空气呼吸器,同时应有相应的防护和监护措施。

3.5.4 在限制空间内不同深度和周围尽可能多取样检测,以便得到该空间有代表性的数据。

3.5.5 当已确认限制空间内存在有毒气体或蒸气,但因检测仪无法检测出有毒气体的浓度大小,并且还需要进入限制空间作业,作业人员必须戴上自给式空气呼吸器,同时应有相应的健康安全防护措施。

3.5.6 测量情况表明限制空间内有毒气体含量达到下述极限,且在作业过程中也不会因其他原因超过下述极限时,现场监督和监护人才能指示工作,并可不戴自给式空气呼吸器进入限制空间工作:

易燃气体和蒸气的含量小于爆炸下限的 20%;

有毒气体的含量低于可接受的浓度;

氧气含量大于 19.5%。

当在无法避免的情况下,人员进入气体浓度不符合上述要求的区域,必须戴上自给式空气呼吸器,且落实相应的防爆、防毒等安全措施。

3.6 进入限制空间作业

3.6.1 作业负责人获取作业许可证后,由作业负责人和现场监护人通知有关人员就位,准备进入限制空间。现场监护人应事先与进入限制空间作业人员规定明确的联络信号,并进行模拟联络,以保证联络的准确性。

3.6.2 准备就绪后,由作业负责人宣布开始进入限制空间作业。所有作业人员必须严格按照工作计划的要求进行作业。现场监护人应严格监督作业是否按工作计划进行。只要有人员进入限制空间,监护人就应留守在限制空间入口处准确统计进出的人数、设备和工具,并保持与进入限制空间的人员的通信联系。

3.6.3 作业中应注意以下几方面:

(1)在作业进行中,安全监督应指定人员按作业许可证上的要求检测作业环境气体浓度的变化,并随时采取必要措施。在气体浓度可能会发生变化的作业中,应保持必要的连续监测或测定次数,尤其是当人员中途撤离后又重新进入时,必须再进行气体检测。

(2)在无法排除干净易燃易爆物质的限制空间内工作时,应注意防止静电产生(见"HSE/WA-035 防雷、防静电安全管理")。出现雷雨天气,应停止作业。

(3)工作人员在限制空间工作时,一般应将打开的出入口的门或盖加以锁定,防止自动关闭。

(4)至少有两人在限制空间内进行作业(外面等待人员不算在内)。

(5)既有侧面人孔也有顶部人孔的限制空间,必须从侧面进入。

(6)若限制空间内情况很复杂,较危险,则必须使用救生绳或安全带,救生绳或安全带的一端应系在限制空间之外的固定物体上。

(7)在限制空间内使用氩、二氧化碳或氦气进行焊接作业时,必须在作业过程中通风换气,使氧气浓度保持在18%以上,或者使用自给式空气呼吸器。

3.7 工作后的确认

工作完成后,要做好以下工作:

(1)由作业负责人进行全面检查,确保限制空间里面没有遗留人员、工具或设备。

(2)隔离人员拆除隔离装置,妥善处置各种废弃物后,解除区域限制。

(3)由现场医生检查进入限制空间作业人员的身体状况。

3.8 应急情况下要求

3.8.1 当限制空间内工作人员发现危险时,应立即中止作业并报告监护人,然后有秩序地向外撤离。监护人得到报告后,应迅速报告作业负责人,由其实施应急指挥。

3.8.2 在出现紧急情况时,监护人员应与在限制空间内的人员保持不间断的通信联系。

3.8.3 限制空间内出现紧急情况,一般不允许人员再次进入。在进一步采取相应的控制措施的情况下,才允许人员进入限制空间,但在保证完成工作的前提下,要尽可能减少进入限制空间的人数。

4 相关文件

4.1 HSE/WA-013 工作许可(略)

4.2 HSE/WA-035 防雷、防静电安全管理(略)

5 记录

(略)

附录三　限制空间作业安全管理规定

1　范围

本标准制定了在限制空间作业的各项安全管理规定。

本标准适用于对中国海洋石油总公司所属的任何满足限制空间定义的作业场所范围内的作业的管理。

2　规范性引用文件

下列文件中的条款通过本标准的引用而成为本标准的条款。凡是注日期的引用文件,其随后所有的修改单(不包括勘误的内容)或修订版均不适用于本标准,然而,鼓励根据本标准达成协议的各方研究是否可使用这些文件的最新版本。凡是不注日期的引用文件,其最新版本适用于本标准。

GB 12942—91　涂装作业安全规程有限空间作业安全技术要求。

3　术语和定义

本标准采用下列定义。

3.1　限制空间 confined space

限制空间是指同时符合以下条件的作业空间:

(1)足够大且具有一定的形状,工作人员能够进入并执行指定的工作;

(2)进入或作业时受到局限和限制;

(3)不是用于人员连续占用的空间。

3.2　设施 installation

指中国海洋石油总公司所管辖的作业场所。

3.3　设施负责人 person-in-charge of the installation

由上一级任命的设施最终决策者或其指定的临时代理人。

3.4　主管人员 competent person

指负责确定是否满足进入条件,并对限制空间作业进行监督检查的人员。

3.5　负责人 responsible person

指被授权负责限制空间作业并获得进入限制空间许可证的人员。

3.6 监护人 observer

指在限制空间外面监控作业情况的一个或多个工作人员。

3.7 进入人员 authorized entrant

是指经过培训,被批准进入限制空间执行任务的人员。

3.8 救护小组 rescue team

指设施上的一个救助队伍,可以处理进入限制空间作业时可能出现的危险情况。

3.9 阈值 TLV Threshold Limit Values

指人员工作时周围环境中有毒有害物质在气体状态下的允许浓度值。

4 总则

4.1 在限制空间内进行修理、检查、清洁或其他特殊工作时,容易发生火灾、中毒或窒息等事故,属于风险较大的作业种类,应给予充分的重视。

4.2 单位应组织人员主动辨识作业场所内的限制空间,并将辨识结果上报安全主管部门,经确定后将正式的辨识结果公布和归档,并对辨识结果所列出的限制空间加以标识。

4.3 单位应根据设备、作业范围的变化及时更新限制空间的辨识结果和标识。

4.4 单位应建立文件化的限制空间作业管理程序,并应培训参与限制空间作业的人员。

4.5 海洋石油作业场所中常见的限制空间包括但不限于以下各种:

(1)油气水三相分离器;

(2)化学药剂罐;

(3)污油罐;

(4)燃料罐;

(5)浮式装置中的油舱、压载舱;

(6)各种沉箱;

(7)长输管线。

4.6 如果在限制空间内进行涂装、热工作业,应符合 GB 12942 的有关要求。

5 作业前的准备

5.1 隔离

5.1.1 设施操作人员应负责实施隔离。

5.1.2 物质流的隔离主要包括:

(1)物质流的隔离是指断绝包括固体、液体、气体的运动和转移;

(2)为防止物质流进入限制空间,所有连接管线或通道均应用截断设备和工具可靠地隔离;

(3)如果有毒有害、高温高压及可燃性的物质流没有被完全截断,则不允许进行限制空间的作业;

(4)所有与限制空间隔离有关的截断设备和工具均应遵守单位的挂牌/锁定程序。

5.1.3 所有在限制空间作业时需要停止的电气设备均应实施电力隔离措施,实施的方法应按照单位的挂牌/锁定程序进行。

5.2 清除和放空

5.2.1 应由设施操作人员来实施清除和放空。

5.2.2 在限制空间作业以前,应将空间内的影响作业并可以排除的物质排至安全场所。

5.2.3 应根据限制空间内存在物质的性质及作业方式决定清除的方式,如果自然清除不成功,可以将限制空间内残留的液体和固体进行稀释后再进行放空,或采用类似惰性的气体,例如氮气、二氧化碳等来清扫和置换限制空间内的气体。

5.2.4 所有与限制空间相连接的管线都应放空。

5.3 限制空间的气体检测

在进入所有的限制空间之前均应对其进行气体检测,以了解其内的空气环境是否符合安全要求。进入前和作业过程中检测的记录应与作业的其他有关记录一起保存。

5.3.1 应由主管人员或其指定人员对限制空间内的空气环境进行检测。检测仪器应是经过定期校验并在有效期内,且经过主管人员确认。

5.3.2 在可能的条件下,所有检测人员都应站在限制空间外对限制空间内部进行检测。如果不了解其中的气体成分又应进去测量时,检测人员应戴上自给式空气呼吸器,同时应有防护和监护措施。

5.3.3 在限制空间内不同深度和周围尽可能多取样检测,以便得到该空间有代表性的气体检测数据,使用的检测仪器至少应有两台。

5.3.4 应至少对限制空间内的下列物质按照顺序进行检测:

(1)氧气;

(2)可燃气体和蒸气;

(3)有毒气体。

5.3.5 如果检测表明氧气含量低于 19.5％或高于 23.5％,则需要采取净化或通风措施。

5.3.6 如果可燃气体或蒸气浓度高于爆炸浓度下限 5％,则需要采取净化或通风措施。

5.3.7 如果有毒有害气体含量高于单位采纳的 TLV 值即允许的暴露浓度阈值,则需要采取净化、通风措施。

5.4 通风

5.4.1 限制空间作业期间,均应充分通风换气,以使限制空间内的空气环境符合 5.3.5、5.3.6、5.3.7 的要求。

5.4.2 通风设备应安放平稳,连接的电气设备应经过设施电气管理人员的检测。

5.5 打开限制空间的出/入口

5.5.1 打开限制空间的出/入口前,应确认限制空间的压力、温度。

5.5.2 应将限制空间内的温度降至可以作业的温度。

5.5.3 在打开人孔盖时,应采取必要措施防止人员受伤或中毒。

5.5.4 应打开尽可能多的开口以保障作业安全。

5.6 设备、工具及警告标志

5.6.1 在进入限制空间之前,应准备好合格设备和工具,带入限制空间内的工具和设备由进入人员进行检查并由主管人员确认,不带入限制空间内的工具和设备由监护人进行检查并由主管人员确认。

5.6.2 限制空间作业时,在限制空间的周围应设置防护设备和警告标志。

6 作业进程控制

6.1 作业开始

6.1.1 获得进入限制空间作业许可后,应由作业负责人通知设施控制室值班人员和所有有关人员。

6.1.2 现场监护人应事先与进入限制空间作业人员规定明确的联络信号,并经过成功测试。

6.1.3 确认准备工作就绪后,由作业负责人宣布开始进入限制空间作业。所有作业人员应严格按照工作计划的要求进行作业。现场作业负责人应严格监督作业是否按工作计划进行。

6.2 救生绳和安全带

6.2.1 若限制空间内情况复杂、危险,则应使用救生绳,救生绳的一端应系在限制空间之外的固定物体上。

6.2.2 在限制空间内高处作业时,应设置脚手架,作业人员应佩戴安全带。

6.3 限制空间内的照明

6.3.1 作业过程中,应根据限制空间内的采光情况准备灯具,使限制空间达到足够的照明。

6.3.2 应使用防爆型的照明设备。

6.3.3 应准备备用照明,以防设施突然停电。

6.4 作业过程中的气体检测

6.4.1 作业期间应根据作业空间内情况确定环境气体浓度的检测频率。

6.4.2 当限制空间作业重新开始时,应再进行气体检测。

6.5 作业时间

作业时间应尽量选择在白天,如果在白天无法完成,并认为加班是必须的,须由设施负责人同意后方可进行。

6.6 紧急处置

单位应建立文件化的限制空间作业应急响应预案,以控制和减轻因限制空间作业而产生的各种危害。

7 职责与权限

在限制空间作业实施之前应落实参与作业各方人员的职责与任务,以下列出的是负有不同职责的各类人员:

（1）主管人员;

（2）负责人;

（3）监护人;

（4）进入人员;

（5）救助小组。

7.1 主管人员的职责

主要包括:

（1）应负责检查所有进入限制空间前的准备工作程序;

（2）应检测要进入的限制空间的环境空气条件;

（3）应决定什么时间可以进入限制空间;

（4）应向设施负责人报告,由设施负责人签发许可证。

7.2 负责人的职责

主要包括:

（1）应负责决定进入限制空间作业的人员和后备人员的名单;

（2）应列出所需采取的安全措施，确保所有相关人员熟悉和遵守这些措施；

（3）应完成和张贴进入限制空间的许可证；

（4）当认为有异常情况时，应下令停止作业并撤离；

（5）应对进入人员采取保护措施和适当的营救方式。

7.3　监护人的职责

主要包括：

（1）当有人员进入限制空间时，应自始至终在限制空间入口处守护和监视内部情况；

（2）应负责明确与进入限制空间人员的联络信号；

（3）应检查进入限制空间设备的准备情况和可靠性，负责清点进入限制空间的人员、设备和工具等的数目；

（4）在发现有未预料的危险情况出现时，应立即向负责人报告；

（5）人员从限制空间出来后，负责清点人员、设备和工具。

7.4　进入人员的职责

主要包括：

（1）应遵守限制空间作业许可证的要求；

（2）应负责辨别限制空间内的潜在危险；

（3）应正确使用个人防护用品；

（4）观察可能出现的危害，一旦发生险情，立刻撤离现场；

（5）熟悉撤离程序。

7.5　救护小组的职责

主要包括：

（1）应了解当前进行的作业性质，并熟悉作业过程之中的风险；

（2）应至少由三人以上构成，并应包含设施的医务人员；

（3）只有受过培训和有适当准备的人员才可以参加救助活动；

（4）应能够正确使用个人防护用品；

（5）熟悉紧急撤离程序。

8　组织与管理

8.1　作业许可证的申请

主要包括以下程序：

（1）作业前，作业负责人应依照设施的工作许可制度申请进入限制空间许可证。

（2）未获进入限制空间许可证,应禁止进入任何限制空间。

（3）主管人员应对进入限制空间作业前的准备情况进行认真检查,根据情况决定是否允许作业。

（4）许可证应为一式三联,第一联放置在工作现场,第二联由负责人保存,第三联张贴在设施负责人的办公室。

（5）限制空间作业许可证的存档应按设施的工作许可证制度的规定执行。

（6）作业因正常原因中止和重新开始,应由主管人员和负责人共同确认,并在许可证中注明。作业因出现危险中断后重新开始,应重新办理进入限制空间许可证。

（7）如果作业环境发生了较大的变化,设施负责人和主管人员均有权将已签发的作业许可证终止。

8.2　安全会议

主要内容有:

（1）在限制空间作业以前,主管人员应召集所有相关作业人员召开安全会议,其中作业负责人、监护人、进入人员必须参加。

（2）安全会议应由主管人员主持。

（3）会议应包含但不限于以下内容:

①对设施以前的限制空间作业情况进行总结特别是发生过的事故和险情;

②此次限制空间作业的具体计划;

③作业期间应特别注意的事项;

④确认人员任务的分配情况。

9　作业完成

工作完成后,作业负责人应完成以下工作:

（1）确认所有人员均已离开限制空间;

（2）确认所有的工具和设备都已从限制空间中取出;

（3）经主管人员检查后,将限制空间的出/入口封闭;

（4）拆除隔离装置,解除区域限制;

（5）办理限制空间作业许可证终止的程序。